B급 관심병사의
무사고 제대기 除隊記

조갑제닷컴

목 차

1

훈련병 2주차부터
관심병사가 되다

2012년 10월 육군 입대

저는 2012년 10월 육군 현역병으로 입대해 2014년 7월에 제대한 대학생입니다. 강원도 모 常備(상비) 사단에서 행정병으로 복무했습니다. 상비 사단은 GOP와 같은 철책 경계 근무를 맡는 부대를 뜻합니다.

어릴 적부터 6·25 참전 용사이신 외조부의 영향을 많이 받았습니다. 저는 중국에서 脫北(탈북) 국군포로를 구출해 대한민국으로 모시고 싶었다는 꿈이 있었으나, 꿈으로만 그쳤습니다. 또래보다 늦은 나이에 입대를 했습니다. 부푼 기대를 안고 軍門(군문)을 밟았지만, 군 생활은 기대와 달리 실망의 연속이었습니다.

주변에서 제 軍생활을 한 번 정리해보라는 권유를 받았습니다. 관심병사로서의 제 軍생활과 우리 군의 현실과 문제점을 알리고자 이 글을 쓰게 됐습니다. 글을 쓰면서, 제가 소속됐던 부대의 명예를 훼손하게 될까 고민이 많았습니다. 우리 軍을 사랑하는 마음으로 제가 경험한 내용과 느낀 점을 적었습니다. 당사자들의 이름은 밝히지 않겠습니다.

훈련소에서부터 꼬인 軍생활

저는 대한민국 남성의 40%가 거쳐 간다는 육군훈련소에 입소해 훈련을 받던 중, 2주차에 유행성 질환에 걸렸습니다. 육군훈련소 내에 있는 군 병원(육군훈련소 지구병원)에 입원했지만, 병원은 誤診(오진)을 했고, 이후 합병증이 발생했습니다. 군 병원을 신뢰한 저는 부모님이 걱정하실까 봐, 집으로 전화를 자주 하면서도, 입원 사실을 알리지 않았습니다. 그러던 중 부모님이 입원한 사실을 알게 됐고, 직접 육군훈련소로 찾아왔습니다. 어머니가 "민간 병원에서 自費(자비)로 치료받게 하겠다"고 한 뒤, 저는 서울의 한 대학 병원에서 30여 일간 치료를 받았습니다.

어머니가 저의 입원 사실을 알게 된 것은 이렇습니다. 육군훈련소는 매주 훈련병들의 모습을 촬영해 陸訓所(육훈소) 홈페이지에 게재합니다. 1주차에는 단체 사진에 제가 나왔는데, 2주차 사진에는 없는 것을 이상하게 여긴 어머니가 소속 중대에 전화한 것입니다. 어머니는 "이경훈 훈련병이 보이지 않는다"라고 문의했고, 중대에서는 "화장실에 가서 사진 촬영을 못 했을 수도 있다"고 답했습니다. 재차 어머니는 "단체 생활을 하는 군대에서 훈련병이 화장실 가느라 사진을 못 찍었다는 게 말이 되느냐"고 하자 그때서야 訓育(훈육) 담당 소대장 H모 중사는 "전염병으로 입원했다. 연락하려고 했었는데 못 했다"고 말했습니다.

군 병원에 입원한 저를 민간 병원으로 데리고 가는 과정에서 군 병원 실무자 C모 중위와 훈육 소대장은 부모님에게 거짓말을 했습니다. 부모님은 "왜 병사가 전염병으로 입원한 사실을 말하지 않았느냐?"고 물었고, 소대장은 "연락드리려고 했는데 깜빡했다. 다른 병사랑 착각했다"고 말했습니다. 군 병원 실무자는 "입원할 당시 병사가 부모님 연락처를 몰라서 적어내지 않았기 때문에 연락을 못 드렸다"고 말했습니다.

훈육 소대장은 제가 전염병 때문에 군 병원에 입원한 사실을 알고 있었지만 부모님에게 먼저 연락하지 않았습니다. 또 입원 절차를 거칠 때 원무과에서 제 인적 사항과 부모님의 전화번호도 함께 적었습니다. 이 때문에 군 병원과 훈육 중대 간에 책임회피가 벌어졌습니다.

부모님은 아직도 '병사가 부모님의 연락처를 몰라 연락을 못 드렸다'는 말이 떠오르면 화를 내십니다. 그리곤 "부모 연락처, 집 전화번호도 모르는 애를 어떻게 훈련시킨다는 말이냐"고 하십니다.

책임 회피와 허위 보고의 희생양이 되다

저는 입대 2주 만에 우리 軍의 비겁한 전통을 온몸으로 체험했습니다. 하나는 '허위보고'였고, 또 하나는 '책임회피'였습니다. 군을 신뢰했던 제겐 큰 충격이었습니다. 이후 30여 일간 민간 병원에서 치료를 받고 훈련소로 돌아왔습니다.

육군훈련소 내 지구병원 원무과로 가서 퇴원 절차를 밟을 때였습니다. 원무과장은 제게 A4용지 한 장을 내밀었습니다. 그 종이에는 〈육군훈련소 지구병원은 위 병사의 치료를 위해 최선의 노력을 다했으며, 해당 병사는 추후 이에 대해 절대 문제 삼지 않겠다〉는 문구가 인쇄돼 있었습니다.

저와 동행한 형은 "빨리 적고 나가자"면서 유심히 살펴보지 않고 그 문서에 사인을 했습니다. 저는 그 종이에 적힌 내용이 이상해 계속 의문이 들었습니다. 병원에서 내민 일종의 '각서'에는 날짜도 적혀있지 않은, 급조된 문서였습니다. 제가 나중에 문제 제기할 것을 대비하기 위함이 아니었나 생각합니다. "종이가 이상하지 않냐"고 형에게 물으니, 그제야 제출한 종이를 다시 받아낸 뒤 병원 담당자에게 "육군 규정이나 의무사령부 규정에 이러한 문서가 있는지 확인해 달라"고 했습니다. 병원 담당자는 확인하는 척 했고, 형은 "나중에 직접 확인한 후 직접 써주겠다"고 하곤, 병원을 나오면서 그 종이를 찢어버렸습니다.

저는 病暇(병가)를 통해 민간 병원에서 30여 일간 치료를 받았습니다. 나중에 알게 된 내용인데, 병사는 병가를 최초 10일 이내로 시행한 뒤, 10일을 초과할 경우 군 병원에서 심의를 거친 뒤 연간 30일 이내로만 사용할 수 있게 돼 있습니다. 병원은 저를 심의도 하지도 않고, 규정도 어긴 채 30일을 몽땅 사용하게 했습니다. 이는 흔치 않은 경우라고 했습니다. 自隊(자대) 배치받은 뒤에는 군 병원에서 병가를 받는 게 너무 어려웠습니다.

훈련병 2週차부터 관심병사가 되다

저는 질병이 완치되지 않은 상태에서 훈련병 신분으로 훈련을 다시 시작했습니다. 이때부터 '관심병사'로서의 군 생활이 시작된 것입니다. 군에 입대하기 전, 우스갯소리로 '관심병사'라는 용어를 말했지만, 실제로 제가 관심병사가 되리라곤 상상도 못 했습니다.

저 때문에 위로부터 안 좋은 소리를 들은 훈육 소대장은 저를 굉장히 못 마땅해했습니다. 제가 배속된 교육 대대[육군 훈련소는 크게 일곱 개의 교육 聯隊(연대)가 있고, 교육 연대에는 세 개 교육 大隊(대대)가 있다. 교육 대대에는 네 개의 훈육 中隊(중대)가 있다]에서는 저를 하루빨리 수료시켜 野戰(야전)으로 방출시키는 게 목표가 됐습니다. 저는 훈련을 제대로 받지도 않았음에도, '훈련 참관'이라는 명목으로 훈련을 받은 것처럼 했습니다.

군대는 투표율이 100%에 가깝다고 합니다. 부재자 투표를 하는 군인들 때문입니다. 부재자 투표를 하기 위해 훈련소 바로 앞 임시 투표소에 간 적이 있습니다. 이때 노란색 겉표지의 생활지도기록부(生指簿)라는 것을 들고 가 신분증을 대신했습니다. 이 生指簿(생지부)는 자기소개서와 같은 것으로, 이것을 바탕으로 병사의 신상을 파악하고, 관심병사의 등급을 매기는 데 활용합니다. 생지부에는 자신의 인적사항과 가족 관계 등을 적고, 자살에 대해 어떻게 생각하는지, 존경하는 사람이 누구인지 등을 적도록 하는 신상명세서와 같은 것입니다. 훈련소에 처음 입소하면 약 이틀간 이 생지부만 작성하도록 합니다.

이 생지부를 보니, 종전에 저를 평가했던 내용은 지워져 있고, 새로운 종이가 덧붙여 있었습니다. 새 종이에는 저에 대한 악의적인 평가가 있었습니다. 〈모든 훈련을 열외하려고 한다', '남이 무슨 피해를 입건 신경 쓰지 않는다'〉. 덧붙인 종이 밑에 있던 기존의 평가에는 〈교육에 적극적인 자세를 보인다', '상대방에 대한 이해심이 깊다'〉는 내용이 적혀 있었습니다. 그러면서 '특별관심 요망 A급 관심병사'라는 문구가 빨간색 플러스펜으로 적혀있었습니다. 저는 제 몸 상태가 허용하는 범위에선 훈련에 적극적으로 참여했습니다. 제가 소속된 훈육 중대는, "너는 훈련 안 받아도 수료시켜줄 것이니 훈련 받지 말라"면서 오히려 열외를 권유했습니다.

훈련소 시절이 정신적으로 힘들었지만, 함께 생활하는 훈련병 동기들 덕분에 하루하루를 버티며 5주를 보냈습니다. 저는 이때 '밥을 세 번 먹으면 하루가 지나간다'는 생각을 하고 나머지 기간을 채웠습니다.

5주간의 훈련병 교육 수료일이 다가오자, 육군훈련소 차원의 설문조사가 진행됐습니다. 이 설문조사는 모든 훈련병을 대상으로 진행하며, 훈련 중 받은 부조리, 건의 사항 등을 적어내는 것입니다. 소대장은 설문조사가 있기 전날, 훈련병 중 몇 명을 뽑아서 훈육 중대에 불리한 내용을 적지 못하게 서로를 감시하도록 지시했습니다. 소대장은 제가 이 설문 조사

에 참여하지 못하도록 조교를 통해 저를 다른 곳으로 불러내
곤 했습니다.

전방 사단으로 自隊 배치

　육군훈련소는 5주차 수료식 날 부모님 면회를 하게 합니
다. 이날 自隊(자대) 배치 결과도 알려줍니다. 육군훈련소를
거친 병사들은 많은 수가 후방으로 자대 배치를 받습니다.
저는 전방 모 사단으로 자대 배치를 받았습니다. 수료식을 하
고 며칠 뒤, 훈련병들은 자대 배치를 받은 곳으로 떠났습니
다. 생전 처음 만나 5주간 부대끼며 함께 했던 동기들은 작별
할 때 많이들 아쉬워했습니다. 5주간의 시한부 만남, 다시는
보지 못할, 이별을 하는 셈입니다. 헤어질 때 서로의 연락처
를 교환하기도 하지만, 자대 배치를 받으면 자대 생활하기에
바빠 훈련소 때의 동기들은 자연스럽게 잊히곤 합니다.
　자대가 멀리 떨어져 있는 병사들은 육군훈련소 인근에 있
는 연무대驛(역)에서 군 열차를 타고 이동합니다. 語學兵(어
학병)이나 카투사로 선발된 일부 병사들은 서울에서 내리곤
했습니다. 청량리역을 지날 때에는 '집까지 30분도 안 걸리는

데'라는 생각이 머릿속을 맴돌아 차창만 하염없이 바라봤습니다. 남춘천역까지 오는 길이 참 멀었습니다. 남춘천역에 내린 병사들은 각 사단으로 흩어졌습니다.

102보충대(춘천, 강원 권역)나 306보충대(의정부, 경기 권역)를 통해 입영하는 병사들은 각 사단의 신병교육대를 통해 훈련병 교육을 받고, 주로 훈련받았던 사단으로 자대 배치를 받습니다. 육군훈련소를 통해 전방 사단으로 가는 경우는 흔히 말해 '운이 없다'고들 표현합니다.

강원도의 겨울

강원도의 겨울은 추웠습니다. 군대에 오기 전에는, '내복이란, 어린이와 노인들이나 입는 것'이라고 생각했습니다. 이곳에 오니 그 생각이 틀렸다는 것을 알았습니다. 조금이라도 더 껴입고, 틀어막으려고 했습니다. 아침 점호를 위해 연병장으로 나갈 때면, '차라리 죽고 싶다'는 생각을 매번 했습니다. 날씨가 너무 추워서 '죽으면 추위라도 못 느끼지 않겠나'라는 생각에 많은 병사가 이렇게 말하곤 합니다. 계급이 낮은 순으로 먼저 나가서 점호를 기다립니다. 인간은 적응하는 동물이라고 합니다. 강추위도 조금만 버티면 금방 적응해, 버틸만 해집니다.

제가 자대에 온 해에는 눈이 많이 왔습니다. 그것도 주말에만 몰아서 왔습니다. 제설 도구는 초록색 플라스틱 싸리빗자루와 넉가래, 파란색 플라스틱 삽뿐이었습니다. 한 번 눈을 치우면, 넉가래는 깨져 있고, 삽은 갈라지고, 싸리비는 이가 빠졌습니다. 제설 도구가 항상 부족했습니다. 염화칼슘은 아깝기도 하고, 뿌리면 아스팔트 도로가 파인다면서 한 번도 쓰지 않았습니다. 병사들은 우스갯소리로, '염화칼슘보다 병사들 인건비가 싸니까 염화칼슘을 안 쓰는 거야'라곤 했습니다. 병사들의 평균 월급이 13만 원인데, 이는 時給(시급) 180원에 해당합니다.

겨울에 입대한 군번과 그렇지 않은 군번은 눈 치우는 자세부터 다릅니다. 군인들은 눈이 내리면, 최대한 일찍 일어나서, 눈이 지면에 쌓여 결빙되기 전부터 除雪(제설)합니다. 제설은 크게 세 단계로 나뉘는데, 첫 번째는 넉가래로 덮인 눈을 밀어내는 것입니다. 두 번째는 지면에 쌓여 결빙된 얼음 같은 눈을 싸리비로 '긁어'내고, 삽이나 넉가래로 퍼내는 것입니다. 세 번째는 잘 긁히지 않는 잔설을, 싸리비로 '파내서' 흩날리는 것입니다. 해가 뜨면 흩날린 잔설은 녹게 됩니다. 군대에 다녀온 사람들은 눈에 대해 좋은 추억이 많이들 없습니다.

건강 문제로 제대를 시도하다

저는 자대에 배치받자마자 개인 휴가를 써서 민간 병원에서 입원 치료를 받았습니다. 민간 병원에서는 몸 상태가 더 안 좋아졌다고 말했습니다. 건강 문제 때문에 의병 제대와 같은 형식으로 제대를 하려고 했지만, 간부들은 모두 저를 꾀병으로 치부했습니다. 제대만은 안 된다고 했습니다. 앞에서는 걱정해주는 척을 했지만, 뒤에서는 다른 소리를 했습니다. 저는 몸 상태가 좋지 않아 의무대에서 한 달 정도를 보냈습니다. 의무대에서도 저를 꾀병으로 보았고, 더 있을 수 없어서 자대로 돌아왔습니다.

제가 속한 부대는 모두 선발된 병사들로 구성된 행정병 小隊(소대)로, 일반 야전 부대보다는 온화한 분위기였습니다. 저로 인해 많은 병사들이 고생했지만, 저를 같이 끌고 가려고 노력해줬고, 무期(조기) 제대를 할 수 있다면 도와주려고도 했습니다. 처음에는 소대원들도 저를 꾀병으로 알고 있었지만, 분대장의 노력으로 소대에서 저를 걱정해주는 분위기가 만들어졌습니다. 분대장은 약 10명으로 구성되는 분대의 장으로, 해당 분대의 최선임 병사가 맡습니다. 일반적으로 네 개의 분대가 모여 한 개의 소대를 구성하고, 소대장은 주로 소위가 맡습니다. 저는 건강 문제로 인한 제대가 현실적으로 어려워지자 다소 수월한 보직을 받고 군 생활을 계속 해나가기로 했습니다.

자대 배치를 받자 소대장은 저와 형식적인 면담을 했습니다. 제 生指簿(생지부)를 보고, 몸이 아프다는 것을 알았고, 그에 대한 이야기를 주로 했습니다. 소대장은 '군 병원의 책임이 아닐 수도 있지 않냐?'고 했고, 저는 형식적인 답변을 했습니다. 면담 이후 '건강 문제로 인한 B급 관심병사'로 자대 생활이 시작됐습니다.

초반의 건강 문제로 군 생활에 적응이 힘들었지만, 시간이 흐르고 군 생활에 적응할 때였습니다. 행정병 컴퓨터에 있는 관심병사 파일을 열어보니 저를 비롯한 부대의 관심병사들의 등급과 사유 등이 적혀 있었습니다. 훈련소 때부터 겪어왔던 터라 별 대수롭지 않게 생각했습니다. 제가 관심병사가 된 사유는 이렇습니다. 〈훈련소 때 겪은 질병으로 인해 신체활동이 제한되며, 軍에 대해 적개심을 갖고 있다〉. 제가 자대 전입 초기에 소대장과의 면담에서 '군 병원을 신뢰하지 않는다'

고 한 것을, 소대장은 '군에 대해 적개심을 갖고 있다'고 써놓은 것입니다. 이후에도 소대장은 가끔 저를 호출해 면담했는데, 모두 관심병사들을 대상으로 한 형식적인 면담이었습니다. 관심병사는 일정 주기로 간부와 면담을 하고 이 면담 내용을 기록하게 돼 있습니다. 이 면담은 형식적인 것으로, 만일 사고가 발생할 경우, '우리는 할 만큼 했다'는 차원의 방어용 성격이 짙습니다.

학군(ROTC) 장교 출신의 知人(지인)은, 간부가 자신을 보호하기 위해서 병사들의 生指簿(생지부)를 부정적으로 작성한다고 말합니다. 그는 "학군사관후보생 시절, 병사들의 문제점을 조금이라도 적어놓고, 면담의 흔적을 남겨야 사고가 터져도 '이렇게 관리하고 있다'는 식으로 어필할 수 있다는 걸 들었다"고 합니다. 생활지도기록부는 간부만 볼 수 있고, 병사는 원칙적으로 볼 수 없습니다. 병사가 보지 않는다는 전제 하에 작성하기 때문에, 병사에 대한 간부의 부정적인 주관이 많이 개입됩니다. 부정적인 내용을 병사가 모르기만 하면 되기 때문입니다.

22사단 임 병장 총기 난사 사건이 터지자, 군 당국은 全軍의 관심병사를 대상으로 면담 등의 조치를 취하겠다고 발표했습니다. 이것도 형식적인 조치에 불과합니다. 윗선에서 내린 지시가 일선 부대로 내려가면 내려갈수록 그 위력이 약해지기 때문입니다. 아마 관심병사들을 대상으로 면담 한 번씩 하고 그쳤을 것입니다.

四肢(사지) 멀쩡하고 생각이 바르더라도 가정환경이 안 좋으면 관심병사

관심병사에는 등급이 있습니다. 저희 부대의 경우, 부대 전입 100일 미만의 병사는 C급, 건강이나 부대 부적응, 구타 유발 등의 사유가 있으면 B급, 자살 시도 계획을 세우거나 부대 운영에 큰 부담이 되고 부대 질서를 어지럽히는 경우에는 A급으로 지정합니다. A급은 저희 부대에 없었습니다.

편부, 편모의 가정이나, 가정환경이 불우해도 관심병사에 지정이 됩니다. 부대마다 등급 차가 있지만 주로 B~C급에 지정됩니다. 이는 민감한 문제이기도 합니다. 사지 멀쩡하고 생각하는 것도 바르지만, 부모님이 이혼하셨다는 이유로, 가정 형편이 어렵다는 이유로 관심병사가 되는 것입니다.

관심병사를 지정하는 데 주로 사용하는 근거는 훈련소 때 작성한 생활지도기록부(生指簿)와 한국국방연구원(KIDA)에서 개발한 新인성검사 프로그램, 자대에서 간부들과 하는 면담입니다. 생지부에는 가족의 학력, 소득 등 개인 신상을 적는 부분과 약물 복용, 가족에 대한 평소 생각, 자살에 대한 생각 등을 적는 50개의 문항으로 된 일종의 자기소개서와 같은 곳, 훈련병 시절의 생활 태도를 적는 곳으로 나뉩니다. 新인성검사 프로그램은, 全軍(전군)의 병사가 6개월 단위로 실시하는 컴퓨터 설문 조사입니다. 간부는 생지부와 新인성검사 결과를 바탕으로 병사와 면담을 한 뒤 관심병사 지정을 결정합니다.

병사들의 입장에서는 자신들의 치부를 솔직하게 드러냈음에도, 부대에서는 이를 병사의 약점으로 잡고 선입견에 근거해 바라보는 경우가 많습니다. 간부들이 작성한 병사의 면담 기록을 보면, 과장되고 악의적인 내용이 많습니다. 이를 실제로 보면 기분 나빠하는 사람이 많습니다.

관심병사 제도를 좋은 취지로 만들었지만, 취지에 부합하지 못하는 형식적인 것에 불과하다는 생각을 많이 했습니다. 부대 생활을 하다 보면 누가 관심병사인지 쉽게 알 수 있습니다. 저희 부대도 관심병사가 있었지만, 큰 신경을 안 썼습니다. 그만큼 관심병사에 대해 '관심'을 갖지 않았다는 것입니다. 때가 되면 형식적인 면담 한 번 하고 끝내는 게 지금의 관심병사 제도입니다.

저도 관심병사였지만, 저와 함께 생활한 병사들은 누구도 저를 이상하게 쳐다보지 않았습니다. 다만 몸이 안 좋을 뿐이라고 생각했습니다. 중사로 제대한 친구에게 관심병사에 관해 물으니 이렇게 말했습니다. "관심병사 제도 자체가 형식적이다. 관심병사는 어느 부대에나 있지만, 관심병사 10명 중 진정한 관심병사는 2~3명 정도이다."

관심병사들의 부정적인 측면만 강조

육군에서는 부대 적응에 문제를 겪고 있는 병사들을 한데 모아, 적응을 돕는 4박 5일 분량의 '비전캠프' 프로그램을 개발했습니다. 각 사단에서 이를 운영하고, 교육은 주로 사단의 軍宗(군종) 장교가 맡습니다. 저도 건강 문제로 인한 부대 적응 문제로 이 캠프에 입소한 적이 있습니다. 제가 꾀병인지 아닌지를 확인하기 위함도 있었습니다. 캠프에 가니 건강문제, 부대적응 문제 등으로 사단 예하 부대의 병사들이 입소했습니다. 이곳에는 관심병사라고 다 가는 것이 아닙니다. 관심병사 중에서도 부대 운영에 부담되는 병사들이 옵니다. 이들은 4박5일간 심리 검사, 상담, 봉사 활동 등을 체험한 후 부대로 돌아갑니다.

이곳에는 감정 조절을 잘 하지 못하는 병사, 이해력이 떨어져 부대원들과 마찰이 있는 병사, 건강에 문제가 있는 병사들이 왔습니다. 또 결손 가정 출신이 많았습니다. 관심병사로서 관심병사들과 4박5일간 생활하면서 느낀 점은, 언론에서 그리는 것처럼 이상한 관심병사들만 있는 것이 아니었습니다. 관심병사가 속한 자대에서는, 비전캠프 입소 건의서를 작성하는데, 해당 병사의 부정적인 면만을 강조했습니다. 입소 건의서를 해당 병사는 함부로 읽어볼 수 없습니다. 읽어본다면 모두 기분 나빠할 것입니다. 다수의 병사는 부대에서 자신들을 얼마나 부정적으로 평가하는지 모르는 눈치였습니다. 부대에서는 관심병사들을 관리하기 귀찮아 이곳에 보내 부담을 덜어보려는 모습도 보였습니다.

GOP에서 근무했던 한 관심병사는 부모님이 모두 외교관이었습니다. 오랜 외국 생활로 한국 문화에 익숙하지 못했습니다. 이 때문에 사소한 실수를 하게 됐는데, 관심병사에 지정됐다고 합니다. 한 병사는 너무 여성스러워서 남성 중심의 문화인 군대에 적응을 잘하지 못해 힘들어했습니다. 한 병사는 피부염 때문에 군 생활이 힘들어 보였습니다. 이 피부염 때문에 고생한 병사는 저와 같은 곳에서 근무한 타(他) 부대 병사인데, 이 병사의 군 생활을 제가 관찰한 결과, 피부염을 제외하고는 다른 문제가 있는 병사가 아니었습니다.

교육을 맡은 군종 장교는 "스무 살이 넘는 성인이 돼 생활 방식이 정해진 애들이 4박5일 교육받는다고 뭐가 달라지겠느냐"면서 효과에 의문을 제기하기도 했습니다. 저도 캠프를 다녀온 전·후가 크게 달라지지 않았습니다.

한 번은 비전캠프를 다녀온 한 병사가 부대 적응을 하지 못해 자대를 여러 번 옮겨 다녔습니다. 지휘관에게 상대적으로 군 생활이 편한 PX병을 시켜달라고 부탁했는데, PX병이 안 되자 자살을 했습니다.

군 복무 중 가정의 문제가 있는 병사는 '依家事(의가사) 제대'를, 질병으로 인해 군 생활을 할 수 없으면 '依病(의병) 제대'를 합니다. 많은 이들이 '의병 제대'를 '의가사 제대'로 잘못 알고 있습니다. 이외의 경우에는 '현역복무부적합심사'를 통해 군대를 나올 수 있습니다.

병사가 개선의 기미를 보이지 않고, 부대 운영에 부담만 된다면, '현역복무부적합심사'를 거쳐 제대를 시킵니다. 제대를 하기 위한 관문으로 '비전캠프'를 거치곤 합니다. '현역복무부적합심사'는 해당 부대 지휘관이 문제 병사를 사단에서 열리

는 심사에 회부해 제대시키는 제도입니다. 이 심의위원회는
사단의 중령급 참모들이 참석해 동의 여부를 투표한 뒤 결정
합니다. 이 현역복무부적합심사를 통한 제대는 시간이 오래
걸리고 해당 부대도 피곤해합니다.

2

'왜 敵을
자극하느냐'는
군단장

22사단 임 병장 체포 작전에도 관심병사 투입

22사단 총기 난사 사건의 용의자인 임 병장. 그는 A급 관심병사라고 합니다. 군 당국은 임 병장 체포 당시 관심병사를 투입해, 언론으로부터 "관심병사를 체포하는데, 관심병사를 투입하는 게 말이 되느냐?"고 질타를 받았습니다. 관심병사가 총기 난사를 한 뒤 탈영했는데, 이 작전에 관심병사를 투입한 것입니다.

관심병사라고 해서 모두가 문제 있는 병사는 아니라고 말씀드렸습니다. 非합리적인 사유, 간부의 자의적인 판단으로도 관심병사가 되기 때문입니다. 이 때문에 해당 부대에서도 관심병사를 투입하는 데 심각한 고민을 하지 않고 체포 작전에 투입한 것으로 생각합니다. 군에서는 문제를 일으킬 수 있는 병사를 관심병사로 지정하지만, 실제 부대 운영에는 소수의 '관심병사'가 큰 문제일 뿐 다수의 '관심병사'는 큰 문제가 아니라는 것입니다. 이는 지금의 관심병사 지정 방식에 문제가 있다는 것입니다.

제 후임이 관심병사가 된 사례를 소개하겠습니다. 이 후임은 대학원을 다니다 늦은 나이에 입대했습니다. 저희 부대는 행정 부대여서, 야전 체험이라는 취지로, 자대로 전입한 뒤, 전방 GOP 체험을 2~4주 정도 다녀와야 합니다. 이 병사는 GOP 소초의 2층 침대에서 떨어져 머리를 다쳤습니다. 이 때문에 체험을 그만두고 일찍 복귀하게 됐습니다. 그러자 이 GOP 소초의 소초장은 저희 부대에 "이 병사가 GOP 체험을 하기 싫어해 꾀병을 부리는 것 같으니 관심병사로 지정해 달라"고 서신을 보냈습니다. 이 서신을 본 해당 병사는 부대 지휘관에게 "정말로 아파서 그런 것이다. 관심병사로 지정하지 말아달라"고 부탁했습니다. 부대 지휘관은 "알겠다"고 한 뒤 며칠 지나서 이 병사를 B급 관심병사로 지정했습니다. 이 병사가 꾀병인지 여부는 본인만 알 수 있지만, 관심병사가 되는 과정이 恣意的(자의적)이라는 생각을 했습니다.

관심병사도 계급이 올라가면 괜찮아져

부대 전입 초기에는 적응 문제로 관심병사라는 꼬리를 달고 군 생활을 시작하지만, 계급이 올라갈수록 부대에 적응해 관심병사라는 타이틀이 필요하지 않은 시기가 오고, 무사히 제대하는 경우가 많습니다.

'진정한 관심병사'는 제대할 때까지 주변의 우려 속에서 '관심병사'로 생활하다가 제대합니다. 부대 적응에 힘들어하는 '진정한 관심병사'에게만 관심을 가져야 하는데, 많은 수의 관심병사를 다루다 보니 정작 '관심이 필요한 관심병사'는 관심을 적게 받는 것입니다.

임 병장 사건의 뿌리는 下剋上(하극상)일 것

관심병사도 시간이 흐르면 웬만큼 부대에 적응합니다. 이 때문에 임 병장이 A급 관심병사였음에도 GOP 근무에 투입된 것이 아닌가 생각됩니다. 부대에서는 곧 있으면 제대하는 임 병장이 사고를 칠 것이라고는 생각을 못 했을 것입니다. 병장쯤 되면, 대다수의 병사는 '조금만 있으면 제대이니, 사고 치지 말고 조용히 제대하자'는 생각을 합니다.

임 병장은 평소 자신이 가혹행위를 당하고 있었다고 주장했습니다. 임 병장의 주장대로라면, 임 병장에게 가혹행위를 한 가해자들도 임 병장이 한순간에 폭발할 것이라고 예상치 못 한 것 같습니다. 이들은 '지금껏 그래왔던 것처럼 임 병장이 우리한테 당하고 말겠지!'라고 생각한 것 같습니다.

임 병장이 전우들에게 총기를 난사하게 된 직접적인 사유
는 자신의 계급에 걸맞은 대우를 받지 못했고, 下剋上(하극
상)을 비롯한 가혹행위로 불만이 쌓여 있는 상태에서, 범행
을 실행하게 한 결정적 요인이 있을 것으로 추측됩니다.

임 병장이 자신의 계급을 인정받지 못했다는 것을 느낀
부분은, 사건 당일 근무를 같은 계급인 병장과 함께 섰다는
점입니다. 2인 1조 근무의 경우, 상급자와 하급자로 구분돼
근무를 섭니다. 흔히 말해 사수(상급자)와 부사수(하급자)의
개념입니다. 통상 근무 組(조)는 병장(사수)+일병(부사수), 상
병(사수)+이병(부사수)과 같은 식으로 구성돼 투입됩니다.

같은 계급이 근무에 들어갔다는 것은, 임 병장의 계급을
병장으로 인정하지 않았다는 의미가 담겨 있습니다. 여기에
하극상의 성격이 담겨 있습니다. 임 병장은 '해골로 자신을
비하한 그림을 본 뒤 범행 결심했다'고 언론에 보도됐는데,
이것이 범행 실행에 導火線(도화선)이 된 것 같습니다. 2011
년 강화 해병 2사단 총기 난사 사건도 원인은 하극상에 대한
불만 때문이었습니다.

병영생활전문상담관 제도

우리 군에는 병영생활전문상담관 제도라는 것이 있습니다. 민간 상담 전문가가 부대 적응에 문제를 보이는 병사와 상담한 뒤, 해당 지휘관에게 발전적인 조언을 해 병사들의 부대 적응을 돕는 제도입니다. 저도 육군훈련소와 자대에서 상담관과 상담한 적이 있습니다.

저희 사단에도 네 명의 상담관이 있었는데, 세 명이 여성이었습니다. 이들은 각자 담당하는 부대가 정해져 있습니다. 부대에서 병사들이 적응에 문제를 보이면, 간부는 상담관에게 상담을 받으라고 권유합니다. 병사 본인이 직접 상담 신청을 하기도 합니다. 상담관은 일종의 카운슬러(counselor) 역할을 했는데, 간부가 상담을 신청하는 경우도 있었습니다. 주로 女(여) 간부가 신청했습니다. 상담관은 해당 부대 간부보다는 병사들에게 우호적이었습니다.

제 후임도 '상담관'의 도움을 받은 적이 있습니다. 이 병사는 사단의 인사 담당부서의 행정병이었습니다. 해당 부서에서도 가장 바쁜 자리였습니다. 이 병사는 부대 생활이 너무 힘들어 '상담관'에게 고충을 설명했고, 보직을 변경하는 데 도움을 받았습니다. 상담관은 상담 결과를 종합하고 문제 해결 방안을 해당 부대 지휘관에게 전달합니다. 상담관이 제시한 내용을 받아들이는 간부도 있고, 그렇지 않은 간부도 있었습니다. 제가 경험한 상담관은, '외부인'처럼 보였습니다. 부대에서는 충분한 대우를 해줬지만, 이들의 활동이 부대에 반영되는 부분은 적어보였습니다.

실탄 대신 공포탄 들고 경계 근무

GOP, GP 등 최전방을 경계하는 부대는 실탄을 장전 또는 보유하고 경계 근무를 섭니다. 제가 소속된 후방의 예하 부대들은 실탄 대신 공포탄을 장전하고 경계 근무를 섰습니다. 저는 사단 사령부를 경계하는 근무를 섰습니다. 실탄이 장전된 총 대신 공포탄이 장전된, 일종의 '소리 나는 몽둥이'를 들고 경계 근무를 한 것입니다. 경계 근무 중 위급할 경우 공중을 향해 공포탄을 쏠 뿐입니다. 공포탄을 들고 경계를 서는 주된 이유는, 다소 후방에 주둔해 있기 때문에 적의 위협이 상대적으로 적다는 점과 실탄을 사용할 경우 총기 사고가 발생할 가능성이 높기 때문입니다.

부대의 모 중사와 공포탄 근무의 문제점에 대해 이야기를 나눈 적이 있습니다. 그도 실탄 대신 공포탄을 들고 경계 근무 서는 것을 못마땅해했습니다. 그러면서 "오늘날 군대를 바라보는 외부의 눈이 곱지 않기 때문에 공포탄을 들 수밖에 없다. 괜히 실탄 들고 근무 섰다가 사고라도 터지면 벌떼같이 달려들 텐데"라고 말했습니다. 나라를 지키는 군인이 외부의 눈치를 보는 게 오늘날 우리 軍의 현실입니다.

敵 1개 소대가 기습하면 대대가 전멸할 것

한 번은 적이 우리 주둔지를 습격할 경우, 우리가 어떤 식으로 대응할 수 있을까를 생각해 본 적이 있습니다. 도망가는 게 살아남을 확률이 높다는 결론이 나왔습니다.

병사들은 자신의 총을 내무반(생활관) 총기함에 보관합니다. 이 총기함은 평소 자물쇠로 잠가놓습니다. 아침·저녁으로 하루 두 번 있는 총기 교체 시간에만 이 총기함을 잠깐씩 엽니다. 경계 근무가 있으면, 총기 교체 시간에 자신의 총을 大隊(대대) 지휘통제실 무기고에 보관합니다. 경계 근무 시간이 되면 무기고에서 총을 꺼내서 근무를 서고, 끝나면 다시 무기고에 총을 보관한 뒤 총기 교체 시간에 다시 생활관으로 이동시키는 것입니다.

적이 기습해 급박한 상황이 터지면, 총기함 자물쇠를 따고 실탄을 분배하는 데 어마어마한 시간이 소요될 것으로 보였습니다. 습격을 받게 되면 손도 못 써보고 全滅(전멸)하지 않을까 생각했습니다. 내부에서 바라본 우리 군의 경계는 허술했고, 敵에게 효과적으로 대응할 수 없는 구조였습니다. 이는 무사안일주의에 빠져서 스스로 싸울 무기를 걸어 잠갔기 때문입니다. 〈구더기 무서워 장 못 담글까〉라는 속담이 생각났습니다.

이러한 결정을 내리게 된 주된 이유는 敵이 도발하지 않을 것이라는 믿음과 외부 사회가 군을 바라보는 시각에 우리 군대가 굴종했기 때문이 아닌가 생각해봅니다.

실탄은 실제 사격 훈련 때만 사용을 했습니다. 두세 달에 한 번씩 총을 쐈는데, 100m, 200m, 250m의 고정된 표적을 맞히는 것이었습니다. 2012년 말에 공군 헌병 병사로 제대한 知人(지인)은, "실제 전쟁이 나면 적이 가만히 있겠느냐?"면서 실효성이 떨어지는 사격 훈련이라고 말한 적이 있습니다.

외부인이 취사장에 제 맘대로 들어와 사진 촬영

저희 부대 취사장에는 A회사의 식기세척기가 있었습니다. 어느 날 B회사의 식기세척기를 사용하게 됐는데, 이에 불만을 품은 A회사의 직원이 신원을 숨긴 채 부대에 들어온 것입니다. B회사의 것이 세척을 제대로 못 해 잔류 세제가 식판에 남는다는 증거를 잡아내고 사진 촬영을 한 것입니다. A회사는 이 증거를 바탕으로 육군본부에 문제를 제기했습니다. 이 때문에 사령부에서 계약 담당하는 업무를 보는 제 후임들이 고생을 했습니다.

외부인을 함부로 들여보내줘 부대 출입 통제가 제대로 안 된다고 '잠깐' 시끄러웠습니다. 이 일이 있고 난 뒤 B회사의 식기세척기 대신 새로운 식기세척기가 들어왔는데, 이것이 A회사 제품인지는 확인하지 못했습니다. 실무 담당자들이 조금만 확인해봤으면 B회사의 제품이 문제가 있다는 것을 알았을 것입니다. 병사들도 A회사의 제품은 애용했지만, B회사의 제품은 성능이 좋지 않아 외면했기 때문입니다.

방치된 캐비넷을 열어보니
2·3급 기밀문서가 무텅이 채

　저희 부대는 오래된 사령부 건물을 대신해 新廳舍(신청사)를 지었습니다. 새로운 건물에 입주하면서 사무기기 등도 모두 새롭게 바꿨습니다. 舊건물에서 사용하던 사무기기는 폐기하기 위해 한 곳에 모아놓았습니다. 하루는 폐기된 사무기기를 고물상에 팔기 위해 저희 소대가 모두 투입돼 해체 작업을 했습니다. 철제 캐비넷을 비롯한 무거운 사무기기가 방치돼 있었습니다. 캐비넷을 열어보니, 2·3급 기밀문서가 뭉텅이 채로 발견됐습니다. 이 문서를 생산한 곳은 부대의 보안을 담당하는 정보참모처였습니다. 이것을 보곤 이 부서에 속한 선임병이 피식 웃으며, 후임들에게 기밀문서를 細切(세절)하라고 지시했습니다. 다른 병사들도 이러한 기밀문서를 매일 보니 대수롭지 않게 여겼습니다. 저는 이것이 매우 심각한 사안이라고 생각해, 인근 기무부대에 연락하려고 했지만, 괜히 병사들이 피곤해질 것 같아 그만두었습니다. 방치된 문서의 양은 A4용지 약 1000장 정도로, 비를 맞아 퉁퉁 불어있었습니다. 軍 복무를 하면서 보안 의식이 결여된 행동을 너무 많이 봐 어느 순간부터는 저 또한 무감각해졌습니다.

정보를 생산하고 보호해야 할 부서에서 보안 의식이 이 정도밖에 안 된다는 것에 충격을 받았습니다. 제가 이에 대해 문제를 제기했으면, 간부들은 분명 해당 부서의 병사에게 탓을 돌렸을 것입니다. "사무기기 폐기하기 전에 안에 뭐가 들었는지 확인하고 버렸어야 하는 거 아니야?" 이런 식으로 말입니다. 그러면서 사무기기를 폐기할 때 간부들은 손 하나 까딱하지 않고 바라보기만 했습니다. 결국 책임은 병사에게 돌아가게 됩니다. 병사는 제대하면 그만이지만, 간부들은 직업이기 때문에 책임지려고 하지 않습니다.

능동적으로 무언가를 했을 땐, "네가 그렇게 잘났냐? 왜 시키지도 않은 일을 하느냐?"는 말을, 수동적으로 시키는 것만 했을 땐, "넌 왜 이렇게 애가 수동적이냐? 시키는 것밖에 못하느냐?"는 말을 듣습니다.

軍에서 기밀로 지정된 문서는 평범한 민간인이 봐도 뭔지 잘 모르는 내용이 많습니다. 워낙 지엽적이기 때문입니다. 또 사소한 문건도 기밀로 지정해 놓는 경우가 많습니다. 이 때문에 기밀문서의 양은 늘어나고, 정작 중요한 기밀문서 관리도 제대로 못하게 되는 것이 아닌가 생각합니다.

간부들의 保安 의식은 취약

　간부들의 保安(보안) 의식은 매우 취약합니다. 보안에 대한 정확한 개념도 없습니다. 간부들과 보안 업무를 담당하는 병사들은 주기별로 보안 평가 시험을 치르지만, 암기형 문제가 출제돼 몇십 분 반짝 외우면 시험을 통과할 수 있습니다. 실무에는 전혀 도움이 되지 않는 보안 교육이 이뤄지고 있습니다.

규정도 제멋대로 어기는 일부 간부들

　경계 근무 중에는 사단 지휘통제실의 출입을 통제하는 근무가 있습니다. 사단 지휘통제실은 사단의 모든 부대를 통제하고 상급 부대의 통제를 받는 곳입니다. 영화에서 보면 장군들이 부스에 들어가 회의를 하고, 그 밑에는 군인들이 컴퓨터 앞에서 명령을 듣고 지시하는, 작전이 펼쳐지는 그런 곳을 상상하면 됩니다.

　이곳에는 휴대전화 등 전자기기를 반입할 수 없습니다. 저는 전자기기 반입 여부를 확인하고 신원을 확인하는 일을 했습니다. 2시간 동안 공포탄이 든 총을 옆에 휴대한 채 출입자들의 신원을 적고, 확인 후 들여 보내주는 일을 합니다. 일부 간부들은 휴대 전화를 내달라고 부탁했음에도 못 들은 척 휴대한 채 들어가곤 합니다.

한 번은 軍전투지휘검열(軍指檢) 훈련 때 일입니다. 軍사령부에서 파견 온 검열관인 화학병과의 소령에게 관등 성명과 출입 목적을 적고, 휴대 전화를 맡겨달라고 말했습니다. 이 장교는 기분이 상한 표정을 짓더니 "이런 절차가 있는 게 맞느냐"면서 오히려 따졌습니다. 그리곤 지휘통제실 출입을 통제하는 담당 간부와 함께 검열관실로 자신을 찾아오라고 했습니다. 이 사실을 대위 계급인 담당 간부한테 말하니, 표정이 안 좋아지면서, 제게 "네가 말실수한 거 아니냐"고 물었습니다. 검열관이 그렇게 말을 하니 담당 간부도 흔히 말해 쫄았나 봅니다. 저도 당시에는 이른바 FM으로 했는데, 검열관이 그런 식으로 나오니 '혹시 내가 무슨 실수를 했나?'라는 생각을 했습니다. 저는 담당 간부에게 지시받은 대로 했다고 말하곤 함께 그 검열관을 찾아갔습니다. 막상 찾아가니 검열관도 머쓱했는지, 별말 없이 저희에게 "됐으니 가보라"고 했습니다. 제가 했던 절차가 맞았음에도 당시에는 "괜히 검열관을 통과 안 시켜줘서 똥 밟은 거 아닌가"라는 생각을 했습니다.

일부 간부들은 계급이 높다는 이유로 사소한 규정을 어기고 병사들을 무시하는 경우가 많습니다. 위에 말한 검열관이 대표적인 사례입니다. 검열을 받는 부대는 상급 부대의 검열관에게 잘 보이려고 할 수밖에 없습니다. 부대 평가라는 것이 객관적이기보다는, 검열관 주관에 따라 달라지기 때문입니다. 검열관 비위를 얼마나 잘 맞추는지도 해당 부대에는 관심사입니다. 이들은 일종의 칙사 대접을 비슷하게 받습니다.

이민복 씨 때문에 시끄러워지는 지휘통제실

지휘통제실 경계 근무를 서면 가끔 對北傳單(대북전단), 일명 '삐라' 때문에 지휘통제실이 시끄러워집니다. 대북전단을 날리는 脫北者(탈북자) 이민복 씨 때문입니다. 군 당국은 이민복 씨가 대북전단을 날리는 것에 민감합니다. 북한이 대북전단을 날리는 것에 불만을 품고 자칫 도발을 할 수도 있기 때문입니다. 지휘통제실에서는 상황일지라는 것을 작성하는데, 그것을 보면 이민복 씨가 어디서 몇 개의 풍선을 띄웠는지 알 수 있습니다. 그 일지를 보니, 조금 전만 해도 경기

××에 있었는데, 바람을 보고 제가 근무하는 곳까지 이동한 것입니다. ××에서 제가 있는 곳까지는 직선거리로만 약 50여 km 정도 됩니다. 묵묵히 열심히 하신다는 생각을 했습니다. 종종 이민복 씨 때문에 고요했던 지휘통제실이 시끄러워지곤 합니다. 간부들은 이민복 씨가 대북전단을 날리는 것을 좋게 보지는 않았습니다. 시끄러워지고 일이 생기기 때문입니다.

아저씨라는 호칭

군대에서는 중대가 다른 병사를 '아저씨'라고 부릅니다. 중대를 이루는 병력은 부대마다 다소 차이가 있지만 대략 100명 안팎이라고 생각하면 됩니다. 1개의 중대는 3~4개의 소대로 구성되고, 1개 소대는 4개의 분대로 구성되는데, 1개 분대는 약 10명 내외입니다.

아저씨라는 호칭은 대략 1990년대 중후반부터 사용되지 않았나 추측됩니다. 軍 將星(장성)들은 병사들이 서로를 '아저씨'라고 부르는 것을 싫어합니다. 소령급 정훈 장교는 '아저씨'라는 용어 사용을, '북괴군의 한국군 와해전술'이라고 말했습니다.

군에서는 '아저씨'라는 표현 대신 '전우님'이라고 말할 것을 권장합니다. 의무대나 군 병원에서는 의무병이 환자를 부를 때, '××× 전우님'이라고 합니다.

아저씨라는 표현을 좋지 않게 보는 이들은, 계급에 따른 구분을 하지 않고 군인으로서의 소속감을 약화시키지 않느냐는 관점입니다. 거의 모든 병사가 아저씨라는 용어를 사용하는데, 그 이유는 中隊(중대)가 다르면 '남'이기 때문입니다. 병사들 간의 선후임 관계는 자신이 소속된 중대에서만 맺습니다. 중대가 다르면, A중대 병장이 B중대 이병에게 함부로 하지 못하고 서로 존칭을 쓰며 아저씨라고 부릅니다. 간부의 경우, 부대가 다르더라도 계급의 차가 그리 크지 않거나 계급이 같더라도 호봉 차를 알 수 없어 서로 존댓말을 사용합니다.

他(타)중대 병사를 계급에 따라 ××× 상병, ○○○ 병장님이라고 부르면 되지 않느냐는 의견이 있습니다. 병사들은 같은 계급이라도, 주로 호봉에 따라 한 달 간격으로 선후임 관계를 맺고 壓尊法(압존법)을 사용하기 때문에 혼란스러워질 뿐입니다. 같은 중대의 100명 정도의 서열만 알면 되는데, 他중대 병사의 계급을 부르게 되면 같은 계급의 같은 호봉인데, 반말하기도, 존칭을 사용하기도 모호하기 때문입니다. 더 나아가 다른 중대 병사들의 서열까지 외우는 일이 벌어질 수 있습니다.

항상 계급장이 달린 군복을 입는 것이 아니기에 아저씨라는 표현은 병사 세계에서만 벌어지는 특성이 반영된 용어입니다. 아저씨라는 용어가 옳은 표현은 아니지만, 마땅히 병사들 입장에선 대체할 용어가 없다는 것입니다. 병사들은 아저씨라는 표현이 편합니다. '전우님'이라는 표현은 왠지 뒤에 '님'자가 들어가, 말하는 사람도, 듣는 사람도 낯 뜨겁다고들 말합니다.

敵(적)이 도발하면 신속 정확 과감하게 대응?

뉴스를 보면 軍 고위 관계자가 부대를 방문해 "쏠까요? 말까요?'라는 말을 하지 말고 과감하게 대응하라"고 지시하는 장면을 볼 수 있습니다. 흔히 말하는 '先조치 後보고'입니다. 그러면서 "도발원점을 무력화시키라"고 나옵니다. 막사나 건물 입구에는 〈적이 도발하면 신속·정확·충분히 응징하라〉는 문구가 적힌 플래카드가 걸려있습니다. 저는 그 문구를 볼 때

44

마다 엉뚱한 생각을 하곤 했습니다. "아니, 적이 도발하면 당연히 신속·정확·충분하게 응징해야 하는데, 굳이 플래카드까지 걸어놔야 하나. 美軍(미군)들도 저런 걸 걸어 놓나? 부모 말 안 듣는 초등학생이, '앞으로는 부모님 말 잘 듣겠다'고 하고, 거짓말을 밥 먹듯이 하는 사람이, '앞으로는 거짓말하지 않겠다'고 하는 것과 뭐가 다른가"라고 생각했습니다.

대응 시나리오대로 대응할 수 있을까?

북괴군이 아군에게 도발할 경우를 대비해 우리 군에는 대응 시나리오가 있습니다. 敵이 小火器(소화기)로 공격하면, 우리 군도 소화기 위주로 대응해야 합니다. 적이 重火器(중화기)로 도발하면 그때서야 우리도 중화기로 반격을 가합니다. 이 '대응 매뉴얼'을 본 적이 있습니다.

敵이 A라는 강도로 도발하면 X화기 300발, Y화기 30발, J화기 5발을 사용해 대응합니다. '적의 도발에 비례해서 몇 배' 이런 식으로 정해져 있습니다. 이것을 보고, "아니, 적이 몇 발 쏘는지 일일이 확인하고, 우리도 몇 발 쐈는지 계산하면서 대응해야 하나?"라는 생각이 들었습니다. 제 생각을 동기에게 말하자 이 동기도 웃었습니다.

朴定仁(박정인) 장군의 3사단 백골부대 式(식)의 대응은 옛이야기가 됐습니다. 대응 매뉴얼 이상으로 적에게 반격하면, 그 지휘관은 '과잉 대응'이라는 소리를 들을 것입니다. 사단장이 옷을 벗어야 하는데, 누가 수십, 수백 배의 보복을 하겠습니까? '적이 도발하면 적이 굴복할 때까지 대응하겠다'는 말은 修辭(수사)에 불과합니다. 남북 대치 하의 안정적 위기관리와 평화라는 美名(미명) 아래, 우리 군은 정치권의 눈치와 여론의 눈치를 보느라, 好戰性(호전성)을 잃어버린 것 아닌가 하는 생각이 들었습니다.

우리 군에서는 북괴군의 도발에 대응해 '도발 原點(원점)' 이야기를 많이 합니다. '적이 도발하면 도발 원점과 지휘 세력까지 응징하겠다.' 군 복무를 하면서, 군 지휘부가 말한 '도발 원점'과 '지휘 세력'의 개념이 어디까지인지 궁금했던 적이 있습니다. 뉴스 기사를 찾아보니, 적의 군단급 부대를 도발 지휘 세력이라고 표현했습니다. 저는 이 '도발 지휘 세력'이라는 표현이 모호하다고 생각했습니다. 북괴군의 首魁(수괴)인 金正恩(김정은)이 도발 원점이자 도발 지휘 세력이지, 김정은의 명령을 받은 예하 부대를 도발 지휘 세력이라고 하는 것은 부족하다고 생각합니다. 북한은 우리를 협박할 때 "○군단

을 타격하겠다"고 하지 않습니다. "서울을, 워싱턴을 불바다
로 만들겠다"고 합니다.

북괴군은 우리 군의 대응 태세를 확인하기 위해 의도적인
도발을 합니다. '의도적 도발'이란, 군사분계선을 넘지는 않지
만, 인근 부근까지 내려와 우리의 대응을 시험해보고 골탕을
먹이려는 시도입니다. 북괴군이 휴전선 인근으로 남하하면, 우
리 부대는 비상이 걸려 위기조치대응반을 소집합니다. 시간이
흘러 적은 北上(북상)하고 위기조치는 해제됩니다. 전방에선
적의 의도적인 도발로 이런 일이 반복되고 있습니다.

남하하는 敵을 보고 인접 사단장이 즉각대기砲(포) 준비시키자, 군단장, '왜 敵을 자극하느냐'

한 번은 이런 일이 있었습니다. 북괴군이 남하하자, 인접
부대의 사단장이 즉각대기砲(포)를 준비시켰습니다. 즉각대
기砲란, GOP나 GP에 투입된 병력을 지원하는 포병부대입니
다. 군단장은 '왜 적을 자극해 도발할 빌미를 줬느냐'는 취지
로 이 사단장에게 면박을 줬다고 합니다. 사단 지휘통제실에
서 근무한 동기에게서 이 이야기를 듣고는, '내가 생각했던

군인은 실제와는 다르구나'라는 생각을 했습니다. 강도가 들어올 것을 대비해 야구 방망이를 준비해 놨는데, 이 야구 방망이가 강도를 자극했다는 것과 마찬가지 아닌가 생각합니다.

당시 군단장도 상급 부대로부터 '위기관리를 잘하라'는 지시를 받고 그 지시를 이행하기 위해 그랬을 수 있습니다. 우리 軍의 '위기관리'란, '敵(적)을 자극하지 않는 것인가'라고 생각했습니다.

보고서 잘 만들어야 유능한 군인

李明博(이명박) 정부 초기 국방장관이었던 李相憙(이상희) 장관은 취임 직후 "행정 군대를 버리고 전투형 군대로 체질을 바꿔야 한다"고 말했습니다. 軍에 오니, 왜 국방장관이 그런 말을 했는지 실감했습니다. 사단의 행정병이어서 더 다가왔습니다.

제가 경험한 우리 군은, 보고서를 보기 좋게 만들고, PPT(파워포인트)를 잘 만드는 사람을 유능한 군인으로 평가하는 것 같았습니다. 戰鬪的(전투적), 戰術的(전술적) 사고를 견지하는 군인이 유능한 군인으로 인정받는 것이 아니었습니다. 내용은 중요하게 여기지 않았습니다. 상급자에게 보고서를 올릴 때, 어떻게 하면 윗사람에게 잘 보일지를 고민했습니다.

한 번은 저희 부서의 간부가 "사단장님한테 결재 맡을 것이니 ○○○○ 용지 구해 오라"고 지시를 했습니다. 軍에서 보급받는 A4용지 대신 고급 용지를 구해오라는 것입니다. 보급으로 나오는 A4용지는 일반 A4용지보다 質(질)이 떨어집니다. 내용, 본질은 중요하지 않았습니다. '어떻게 보일까', 겉모습이 중요했습니다.

지휘관 영향을 받는 군대

軍에서 사건·사고가 터지면 해당 부대의 지휘관이 문책을 받습니다. 이번 22사단, 28사에서도 대대장, 연대장, 사단장까지 보직해임을 당했습니다. 일각에선 징계의 범위가 너무 과한 것 아닌가 하는 반응을 보입니다. 일개 병사의 행위에 사단장까지 책임지는 것은 다소 과하다는 생각을 저도 합니다. 한편으로는 군 생활을 하면서 지휘관이 부대 분위기에 영향을 끼친다는 점입니다.

　저희 사단의 사례를 소개하겠습니다. 저희는 세 개 보병연대와 한 개의 포병연대, 십여 개의 직할부대(중·대대급)로 구성됐습니다. 병력은 대략 1만여 명. 세 개의 보병연대 중 두 개의 보병연대(A, B연대)가 GOP를 담당합니다. 1개 연대는 3개의 대대로 구성돼 있는데, GOP를 맡는 연대는 1개의 대대를 6~8개월 단위로 번갈아가며 GOP 경계에 투입합니다.

　A연대에서는 작년 한 해에 5명의 인명 사고가 발생했습니다. 인명 사고는 자살, 순직, 사고사 등을 말합니다. A연대 예하 GP에서 부사관이 총기 자살을, 관심병사가 보직 문제로 자살을, 차량 사고로 부사관이 사망하는 등의 사고가 발생했습니다. B연대에서는 단 한 건의 인명 사고도 발생하지 않았습니다. 군대도 일종의 사회이기 때문에 각종 사건·사고가 일어나는 것은 兵家之常事(병가지상사)라고 말하지만, 병사들 사이에서는 "A연대 연대장이 병력의 인명사고 책임에서 자유로울 수는 없을 것"이라고 이야기한 적이 있습니다. 不德(부덕)의 所致(소치)라는 말이 있습니다.

3

從北(종북) 용어 사용 못하는 정훈 교육

진짜 사나이, 4박 5일 촬영하고 한 달 동안 방송 나가

MBC에서 주말에 방영하는 〈진짜 사나이〉가 인기입니다. 여성들은 '재밌다'는 반응이고, 남성들은 好不好(호불호)가 갈립니다. 군필자들 입장에선 현실과 거리가 있다는 지적입니다. 한 번은 경북 모 사단에서 〈진짜 사나이〉 촬영이 예정돼, 계획을 본 적이 있습니다. 촬영 기간은 4박 5일이었습니다. 4박 5일 촬영하고 4주, 한 달을 내보내는 게 진짜 사나이입니다.

軍 생활하면서 군대를 일방적으로 美化(미화)하는 것 같아 〈진짜 사나이〉라는 프로그램을 보지 않았습니다. 병사들 사이에서도 호불호가 나뉘었습니다. 좋아하는 쪽은 자신이 속해 있는 군대가 예능 프로그램으로 그려지니 '신기하다'는 반응이고, 싫어하는 쪽은 '비현실적이다'는 반응입니다.

방송을 보면 대다수의 병사들이 깨끗한 건물에서 쾌적한 생활을 하는 것처럼 나옵니다. 현실은 일부 말끔한 건물을 촬영 장소로 사용하는 것에 불과합니다. 아직도 전방의 환경은 열악합니다. 겨울에 땅이 얼면 물이 부족해 샤워를 제대로 할 수가 없습니다. 눈을 녹여 그 물로 샤워했는데, 많은 병사가 피부 질환으로 고생했다는 소식을 GOP 체험을 다녀온 후임병에게서 들었습니다.

저희 사단에서 사건 사고가 잦았던 A연대의 GOP 대대장인 모 중령은, "내가 신임 장교 시절 왔던 건물이 아직도 있다는 것에 놀랐다"고 말한 적이 있습니다. 소위에서 중령이 되려면 족히 17년은 있어야 합니다. 한 綜編(종편) 뉴스에서 A연대의 식당과 군 관사를 촬영해 보도한 적이 있었는데, 금방이라도 무너져 버릴 것 같았습니다.

앞서 언급한 A연대의 사건 사고가 많은 이유는 시설의 낙후성도 있습니다. 진짜 사나이에 나오는 건물이 지금 전방의 건물이 아니라는 점입니다. 방송에 나가야 하니 병사들이 말끔한 건물에서 쾌적하게 생활하는 양 보내는 것입니다.

진짜 사나이? 가짜 사나이!

병사들끼리는 '진짜 사나이'를 '가짜 사나이'라고 부릅니다. 〈진짜 사나이〉와 관련된 기사가 나가면, 많은 예비역의 비판 섞인 댓글을 볼 수 있습니다. 진짜 사나이는 방송을 위해 軍의 현실을 왜곡하는 측면이 있습니다. 진짜 사나이와 같은 복무 환경을 지향해야 하지만, 우리 군대는 보여주기 식에만 그친다는 데 문제가 있습니다. 일반 훈련병이 5주간 받는 신병교육 훈련을 진짜 사나이 출연진들은 2일 내외로만 받았습니다. 훈련이라고 표현할 수도 없는, 보급품 받고 경례 몇 번 한 것이 〈진짜 사나이〉의 훈련소 생활입니다.

〈진짜 사나이〉를 보면 군의관이 내무반(생활관)을 방문해 순회 진료하는 장면이 있습니다. 제 軍 생활 중 이런 사례는 보지도 듣지도 못했습니다. 현실은 아파도 참아야 하고, 2분 가량의 진료를 받기 위해 의무대와 군 병원에서 짧게는 3시간, 길게는 하루 종일을 쏟아 붓는 게 실제입니다. 이 때문에 계급이 낮은 병사들은 아프다고 해서 선뜻 의무대나 軍 병원을 가기 어렵습니다. 경계 근무를 서야 하는데, 계급 낮은 병사가 빠지면 계급 높은 병사가 대신 들어가야 하기 때문입니다. GOP 경계 근무를 서는 병사의 30~40%가 근골격계 질환을 앓고 있다는 통계가 있습니다.

무전기가 없어 휴대 전화로 대신할 뻔

많은 이들이 〈진짜 사나이〉를 보면서 한국군이 질적으로 성장했다고 느낄 것입니다. 휴가 나가면 〈진짜 사나이〉를 본 가족들이 군대 이야기를 물어봅니다. 저는 이 물음들에 웃음으로 답하며 "실제와는 많이 다르다"고 말했습니다.

한 번은 대규모 훈련을 앞두고 대대 지휘통제실과 초소 경계 병력 간에 交信(교신)을 어떻게 할 것인가를 놓고 간부들이 고민한 적이 있습니다. 병력과 지휘통제실을 연결할 수단이 없었던 것입니다. 무전기가 없으니, 대대 지휘관은 병사들의 휴대전화를 반입해 무전기를 대신해 활용하려고 했습니다. 이 계획은 전술적으로 문제가 있다고 판단돼 백지화됐습니다. 다행히 인근 부대에서 무전기를 빌려, 휴대전화로 교신하는 일은 없게 됐지만 이 소식을 듣고 '농담하는 것 아닌가'라는 생각을 했었습니다.

自主國防(자주국방)은 먼 나라 이야기

얼마 전, 집에서 가족들이 〈진짜 사나이〉를 보고 있었습니다. 방송에 나온 부대의 보급품을 유심히 보니, 흔히 말하는 A급이었습니다. 일선 부대의 실제 보급 여건과는 달랐습니다.

훈련 때 화생방 상황이 발생하면 화생방 保護衣(보호의)를 입습니다. 너무 오래되고 낡아서 제대로 입기도 힘들고,

입더라도 곳곳에 구멍이 나거나 찢어져 있습니다. 병사들은 "어차피 화생방 상황 터지면 보호의 입어도 죽을 텐데, 뭐하러 고생해서 입느냐"는 말을 합니다. 지금 우리 軍의 실상은 전쟁을 준비할 수도, 치를 수도 없는 상황입니다. 有事時(유사시)에는 우왕좌왕할 것이 불을 보듯 뻔해 보였습니다.

　병사들은 이런 식으로 駐韓美軍(주한미군)과 韓美同盟(한미동맹)의 필요성을 차츰 몸으로 느낍니다. 머리보단 몸으로 느끼는 게 확실하다고 합니다. 저는 입대 전에는 머리로만 느꼈는데, 입대 후 몸으로도 느꼈습니다. 21개월간 군 생활을 하면서, 자주국방은 먼 나라 이야기라는 것을 몸으로 느꼈습니다.

아직도 전방에서는 가혹 행위가 여전

　제가 소속된 소대는 사단 행정병으로, 선발된 병사들입니다. 일반 야전 부대보다는 복무 여건도 좋고, 우수한 자원들이 모여 있습니다. 저희 소대는 구타를 비롯한 가혹 행위가 거의 없었습니다. 저희 大隊(대대)도 비슷했습니다. 가끔 잊을 만하면 사건이 터졌습니다. 가혹행위가 발생하면, 피해자와 가해자가 진술서를 작성하고, 징계(영창 또는 휴가제한)를 받고 끝내는 식이었습니다.

전방[GOP, GP 등 隔·奧地(격·오지)]은 저희와 사정이 달랐습니다. 아직도 구타가 있다고 했습니다. 전방을 체험한 후 임병들에게서 소식을 접할 때면 가혹행위가 남아있다는 것을 느꼈습니다. 가혹행위가 발생하는 것을 간부들도 알고 있는지 물으니, "간부도 알면서 모른 척한다"고 했습니다. 이른바 '軍紀(군기)'를 잡아야 하니 가벼운 구타나 욕설은 알면서도 못 본 척한다는 것입니다.

주변의 이야기를 종합해보면 예전보다 줄었다고는 말하지만, 아직도 전방의 가혹행위는 殘存(잔존)한다는 것입니다. 불쾌지수가 높으면 사소한 것에도 사람이 폭발합니다. 폐쇄되고 억압된 곳에서, 강제된 군 생활을 하다 보니 병사들은 스트레스를 가혹 행위로 해소하는 측면이 있습니다. 이것이 꼬리에 꼬리를 물어 악순환이 반복됩니다. '나도 선임한테 맞았는데, 너도 맞자'는 보상심리입니다.

軍에서 벌어지는 모든 일은 결국 '사람'이 하는 것입니다. 간부가 관심을 쏟는다면 상당 부분 가혹행위를 없앨 수 있습니다. 이는 지휘관과 부대 간부의 의지에 달려있습니다. 28사단의 윤 일병의 폭행 사건도, 사건을 방지해야 할 하사가 동

참했다고 보도됐습니다.

체력 검정 갯수 안 높여 주면 욕하는 간부도

8월 초 주요 언론은, 모 군단 소속 소령과 중령이 체력검정 결과를 조작하다가 적발되자, 인사참모를 협박해 구속됐다고 보도했습니다.

저는 사령부 연병장에서 열린 간부 체력 측정에 도우미로 자주 참가했습니다. 도우미는 간부들이 체력검정을 하면 "윗몸일으키기 ××개", "팔굽혀펴기 ××개"라고 갯수를 말합니다. 일부 간부들은 더 높은 등급을 받기 위해 도우미 병사에게 자신의 갯수를 더 불려달라고 말하기도 합니다. 저는 FM, 正(정)자세로 하지 않은 것은 갯수에 넣지 않았습니다. 그러자 체력 측정에 응한 간부는 제게 욕을 했습니다. 병사라서 어쩔 수 없이 그 간부의 욕을 고스란히 얻어먹었습니다. 욕을 먹고 난 뒤부터, 더러운 꼴 보기 싫어서, 속칭 '가라'로 하는 것도 갯수에 포함시켜 줬습니다.

도우미 병사가 해당 간부의 측정 횟수를 말하면, 체력 측정을 주관하는 인사참모처 소속 소령급 인사장교와 감찰참모부에서 나온 소령급 감찰장교가 상호 확인을 하고 체력 측정에 응한 간부의 등급과 측정 횟수를 적습니다.

한 번은 인사처 소령의 知人(지인)이 체력 측정에 응했습니다. 그러자 인사처 소령은 그 간부의 갯수를 조작해 등급을 올려주려고 했습니다. 이 모습을 보고 감찰장교가 제지했던 기억이 납니다. 이런 일은 非一非再(비일비재)합니다. 체력 측정을 주관하는 장교들은 도우미 병사들에게 "체력 측정 똑바로 하라"고 말하고, 체력 측정에 응하는 간부 중 일부는 계급으로 깔아뭉개니, 중간에서 병사만 피곤해지는 것입니다.

부정행위를 막아야 할 감찰장교가 부정을

인사처 소령이 知人(지인)에게 유리한 점수를 주려고 하자 제지했던 감찰장교가 이번에는 자신이 지인에게 혜택을 베풀었습니다. 자신과 친한 모 상사가 체력 검정에 참여하지도 않았는데, 부하 병사를 시켜 체력 측정에 참가한 것처럼 조작하라고 지시했습니다. 서로 같은 곳에서 근무해 친분이 있기에 가능한 일입니다.

"정신교육 듣지 말고 일하러 오라"

매주 수요일은 全軍(전군)이 정신·政訓(정훈)교육을 하는 날입니다. 지휘관이 병력을 모아 놓고 교육을 하거나, TV를 통해 국군방송(국방TV)을 시청합니다. 행정 소대인 저희는 40여 명의 병력 중 정신교육에 참가하는 병력이 평균적으로 5~10명 정도였습니다. 해당 부서에서 일해야 한다는 이유로, 사령부 간부들은 병사들에게 "정신교육 듣지 말고 일하러 올라오라"고 했습니다. 당장 해당 부서의 병사가 정신교육을 듣게 되면, 간부가 해야 할 일이 늘어나기 때문입니다. 정신교육은 부실하게 진행될 수밖에 없었습니다. 지휘부도 이러한 실태를 알면서도 외면하고 있었습니다.

한 번은 사단 정보참모처가 대대 연병장에 안보 사진 및 敵性(적성) 무기 전시회를 열었습니다. 이날 행사를 주관한 정보참모처 소속 병사는 한 명도 보지 못했습니다. 이날 전시회에 참가한 저희 소대 병사들은 40여 명 중 5명뿐이었습니다. 실제 적의 도발 유형을 알고, 적성 무기를 체험하는 것은 좋은 교육이 될 수 있지만, 해당 간부는 그런 곳에 가지 않는 것을 당연시합니다. 일해야 하는데 어딜 가냐는 겁니다.

無能(무능)한 간부들

저는 사령부 행정병으로 自隊(자대) 생활을 시작할 때, 간부들의 수준이 높을 것이라는 착각을 했습니다. 착각은 금방 깨졌습니다. 인사처, 작전처, 정보처 등 일부 주요 부서를 제외하고는 말 그대로 유능한, 열의 있는 간부는 얼마 없었습니다.

인사처의 한 소령급 장교는 자신의 컴퓨터 비밀번호를 몰라 밤 11시경에 부서의 계원을 사령부로 부른 적이 있습니다. 이런 심각한 일은 드물지만, 잊을 만하면 벌어집니다.

저희 소대는 본부근무대에 속해있지만 모두 사령부에서 행정병으로 근무합니다. 이중적인 성격이 있습니다. 소대원 중에는 교사도 있고, 有數(유수)의 대학에 다니다 입대한 이들도 있습니다. 이 때문에 업무능력이 뛰어납니다. 그러다 보니 간부들은 자신이 해야 할 일을 병사들에게 일방적으로 떠넘기는 일이 비일비재합니다.

예산을 담당하는 부서의 한 장교는 담당 병사가 없으면 일을 제대로 못 합니다. 다른 부서도 사정은 비슷합니다. 저희 소대원들은 무능한 간부들 때문에 고생했습니다. 간부와 병사의 업무 능력이 逆轉(역전)된 것입니다. 업무에 더 정통해야 할 간부가 오히려 병사가 없으면 일을 못합니다. 이는 선발된 행정병이 유능한 측면도 있지만, 간부 스스로 발전하려는 노력이 없기 때문입니다.

육군은 대표적으로 여름에는 유격 훈련, 겨울에는 酷寒期(혹한기) 훈련이 있습니다. 사령부는 행정병이 없으면 돌아가지를 않아, 몇몇 행정병들은 유격 훈련이나 혹한기 훈련에 참가하지 않거나, 참가하더라도 곧바로 사령부 간부들의 차를 타고 복귀해 다시 일을 합니다. 훈련이 힘들어서, 병사가 걱정돼 빼주는 것이 아니라, 간부 자신이 힘들어서 병사를 훈련에서 빼오는 것입니다. 한밤중에 병사를 사령부로 불러 올려 일을 시키고, 주말도 뺏긴 채 간부의 일을 대신하는 게 행정병의 군 생활입니다. 행정병이라고 편하게 보는 시각이 있는데, 육체적으로는 다소 수월해도 정신적으로 힘든 곳입니다.

솔선수범하지 않는 간부들

사단장 전속 부관을 했던 모 대위는 자신의 총을 직접 닦지 않고, 자신의 병사에게 시켰습니다. 軍 생활하면서 사령부 간부가 직접 자신의 총을 닦는 것을 한 번도 본 적이 없습니다. '총기는 제2의 생명'이라는 말은 병사들에게만 해당하나 봅니다.

휴가 나온 후임병에게 들은 이야기입니다. 앞서 체력측정에 참가하지도 않고, 감찰장교에게 혜택을 받아 체력측정에 응한 것으로 된 모 상사는, 병사들이 쉬어야 할 주말에 사령부 간부들의 銃器(총기) 60정을 병사들에게 닦으라고 시켰다고 합니다. 저희 부대에는 네 개의 소대가 있는데, 소대마다 15정씩 닦았다고 합니다.

軍전투지휘검열(軍指檢) 때 일입니다. 훈련이 시작되자 비상이 걸렸고, 營外(영외)거주자 소집 지시가 떨어졌습니다. 소집 명령 문자를 받은 한 장교는 제게 전화해서, "지금 밖인데, 간 것처럼 해달라"고 했습니다. 저는 "알겠다"고 했습니다. 인사처에 "어떻게 해야 소집령에 응한 것으로 처리됩니까?"라고 물으니, 소집 문자를 보낸 인사 장교는 "그거 안 해도 돼. 할 필요 없어"라고 말했습니다.

인사 장교의 그 말을 듣고 허탈했습니다. 원래 절차는 사단 홈페이지에 접속해 영외거주자 소집령에 응한 것을 직접 기록해야 합니다.

야근하지도 않고, 야근 수당 받아

저희는 행정병이기 때문에 '夜勤(야근)'이라는 개념이 있습니다. 일과 시간(주중 09:30~17:30) 이외의 업무는 모두 야근이라고 합니다. 병사의 야근은 원칙적으로 간부와 함께 해야 합니다. 병사 혼자서는 일할 수 없습니다. 하지만 일부 간부는 병사에게 일을 시키고 자신은 퇴근하거나 사무실을 비웁니다. 그러면서 야근 수당(초과근무수당)은 꼬박꼬박 타 먹습니다. 병사들에게 돌아오는 야근의 혜택은 아무것도 없습니다. 야근 열심히 한다고 포상 휴가를 주는 것도 아닙니다. 간부가 부르니까 병사는 사령부로 올라가서 일할 뿐입니다. 가끔 간부들이 병사들에게 夜食(야식)과 같은 먹을거리를 사주는데, 먹을 것 한 번 사주고 등골 빼먹는 것처럼 보였습니다.

세월호도 (정부가) 북한이 했다고 하는 거 아니에요?

이날은 세월호가 침몰한 날이었습니다. 제가 속한 부서에서 장교들이 회의를 했습니다. 병사인 저는 이들에게 커피를 타준 뒤, 청소를 하고 있었습니다. 한 장교가 수학여행 가던 배가 좌초됐다고 말했습니다. 그러면서 "이것도(세월호 침몰) (정부가) 북한에서 했다고 하는 거 아니에요?"라면서 농담 반 진담 반 式(식)으로 말했습니다. 이 말을 들은 다른 장교는 "그러게요"라고 반응했습니다. '이 사람들이 제정신인가'라는 생각이 들었습니다. 이들은 사단의 軍宗(군종) 장교들이었습니다.

"우리는 '기황후'나 보고 야근 수당이나 챙기자"

사단 사령부는 일반 참모부서와 특별참모부서로 나뉩니다. 일반참모부서는 인사참모처, 정보참모처, 작전참모처, 군수참모처, 교훈참모처를, 특별 참모부서는 정훈공보부, 재정참모부, 법무참모부, 부관참모부, 감찰참모부, 군종참모부를 말합니다.

사령부에서는 일반 참모부서가 이른바 主流(주류)입니다. 훈련도 일반 참모부서가 도맡아서 합니다. 대규모 훈련 때입니다. 사령부의 全간부가 퇴근도 못 하고 훈련에 참가했습니다. 다. 이중 특별참모부에 속한 한 간부는 "훈련은 작전처나, 정보처가 하는 것이지, 우리는 기황후(MBC 드라마)나 보면서 야근 수당이나 챙기자"고 말했습니다. 이 이야기를 후임병에게 전해 들었는데, 놀랍지도 않았습니다. 이 발언을 한 간부는 해외 파병 경험도 있는 간부였습니다. 무능하고 책임감 없는 일부 간부들 때문에, 자신의 영역에서 사명감을 갖고 최선을 다하는 많은 간부가 욕을 먹고 있습니다.

문 걸어 잠그고, 불 끄고 없는 척

훈련의 하나로 화생방 상황이 터졌습니다. 사단장도 대피소로 이동하는데, 일부 장교들은 대피 훈련에 참여하지도 않고, 사무실에 사람이 없는 것처럼 하기 위해 불을 끈 뒤 문을 걸어 놓기도 했습니다. 저도 간부의 지시로, 불 끄고, 문 걸어 놓고 사무실에 숨어 있었습니다. 軍 생활을 하면서 이러한 모습에 점점 익숙해지고, 무감각해졌습니다.

꽃을 심지만 금방 말라 비틀어져

저희 사령부는 부대 美化(미화)에 신경을 썼습니다. 사령부정문에 주로 꽃을 심었는데, 이렇게 심은 꽃들의 특징은 화려해서 눈에 보기는 좋지만, 기후에 맞지 않아 금방 말라 비틀어진다는 것입니다. 꽃을 열심히 심는 후임들을 볼 때마다 안타까운 마음이 들었습니다. 큰 나무를 심어서 부대 내부가 외부로 노출되지 않도록 하는 것이 옳음에도 자잘한 꽃 심기에 몰두했습니다. 전술적 思考(사고)는 찾아볼 수 없었습니다.

소원수리, 일명 마음의 편지

軍 생활을 하다 보면 부대 자체적으로 애로사항을 적는 시간이 있습니다. 소원수리, 일명 '마음의 편지'라고 하는 시간입니다. 이때 병사들은 부대의 가혹 행위 등을 적거나 의견을 제시합니다. 그러면서 설문을 진행하는 간부는 '신원 절대보장'이라고 말합니다. 여기에 新兵(신병)들이 종종 넘어가는데, 신원이 절대 보장되지 않습니다. 무엇을 쓰든 마음만 먹으면 결국엔 밝혀집니다.

가령 A이병이 B상병에게 가혹행위를 당했다고 적어내면, 가해자와 피해자를 분리한 뒤 A이병의 신원을 보장하고 B상병의 신병을 처리하는 것이 正常(정상)입니다. 일선 부대에서는 이러한 절차를 거치지 않고 곧바로 대질심문 식으로 사건을 처리합니다. 신원이 보장되는 줄 알았던 A이병은 당황할 수밖에 없습니다. 대질심문하지 않더라도 진술서를 쓰는 과정에서 B상병이 A이병의 존재를 알게 됩니다.

마음의 편지 등을 통해 건의 사항을 제출하면 이 내용을 행정병이 종합해 정리합니다. 이 과정에서 어떠한 내용이 나오는지 다 알게 되고 소문이 퍼지게 됩니다. '×××일병이 ○○○ 병장한테 맞았다고 썼다' 등. 신원이 안 드러나면 필체까지도 확인할 정도입니다. 애초에 신분보장이라는 말은 語不成說(어불성설)입니다. 병사들이 건의한 내용조차 간부가 직접 정리하지 않아, 병사들의 입을 통해 안 좋은 소문이 퍼집니다. 군 생활 좀 해본 병사들은 '더러워도 참는다'는 심정으로 마음의 편지 같은 것도 쓰지 않고, 제 憤(분)을 삭여가면서 군 생활을 합니다. 마음의 편지는 일종의 고발적인 성격을 갖고 있지만, 부대는 문제가 커지기 전에 이를 막아서 쉬쉬하려는 목적과 경향이 있습니다. 마음의 편지로 바뀌는 경우도 있지만, 병사들은 선임들의 사례를 듣고 경험해 왔기 때문에 크게 기대를 하지 않습니다.

한 번은 세탁기가 고장이 났습니다. 마음의 편지 등을 통해 많은 병사가 세탁기 문제를 여러 차례 제기했지만 달라지는 것이 없었습니다. 하루는 대대의 간부가 고장난 세탁기의 소식을 알게 됐습니다. 그는 "세탁기가 고장난 것을 왜 말하지 않았느냐"면서 "마음의 편지 작성 시간에 이런 걸 적어내야 하는 것 아니냐"고 했습니다. 어찌 됐든 두 달 만에 세탁기 문제가 해결됐습니다.

이런 적도 있습니다. 저희 옆 소대는 淨水器(정수기)가 있습니다. 소대원들은 이것이 부러워 마음의 편지에도 '정수기를 설치해달라'고 여러 번 썼는데, 예산 문제 때문에 안 된다는 말을 들었습니다. 저희 소대는 사령부 행정병이라 실무 간부들과 친분이 있었습니다. 한 병사가 사령부 간부에게 '정수기' 이야기를 꺼냈나 봅니다. 며칠 있다가 정수기가 생겼습니다. 계급이 높은 사람이 지시하니, 병사들이 수차례 건의했던 것보다 일이 빨리 처리됐습니다.

내부 고발자의 身元(신원)이 드러나는 곳

우리 사회는 내부 고발자의 身元(신원)이 곧 드러나고 배신자로 취급받습니다. 제 선임의 이야기입니다. 이 선임도 사령부의 행정병이었습니다. 새로운 중령급 참모 때문에 해당 부서의 간부와 병사들이 힘들어했습니다. 이 때문에 일부 간부는 병사들에게 욕을 하며 화풀이도 했습니다.

저희 사단은 제대할 때 부대 발전을 위한 의견 수렴을 병사들에게 받습니다. 사단의 감찰참모부가 의견을 종합하고, 감찰 참모(중령)가 사단 참모장(대령)에게 보고합니다. 제 선임이 쓴 내용이 참모장에게 보고됐나 봅니다. 참모장이 해당 부서의 참모에게 이런저런 이야기를 했습니다. 참모장이 자리를 뜨자 이 참모는 감찰부 감찰장교(소령)에게 전화했고, 이 감찰장교는 제 선임의 정보를 알려줬다고 합니다.

사단의 감찰부라면 병사들 사이에서는 공신력이 있습니다. 사단의 민원이 제기될 경우 처리하는 主務(주무) 부서도 감찰부입니다. 제 선임의 신원을 그리 쉽게 알려줬다는 말을 듣고, 씁쓸하면서도 웃음이 나왔습니다. 선임은 이제 민간인이 돼 아무런 피해를 받지 않겠지만, 나중에 신원이 이런 식으로 밝혀졌다는 이야기를 들으면 어떤 반응을 보일지 예상이 됩니다. 그 선임의 희생으로 해당 부서의 후임병들이 다소 편해졌습니다.

韓民求(한민구) 국방장관은 8월 5일, 28사단 윤 일병 사건과 관련해 "고충신고 및 처리시스템을 획기적으로 개선하겠다"고 발표했습니다. 일선 부대에서 원래의 취지대로 운영해

나갈지 의문이 많습니다.

군인들이 가장 무서워하는 것 중 하나는 民願(민원)

군인들이 가장 무서워하는 것 중 하나가 정식 민원을 제기하는 것입니다. 요즘엔 인터넷 신문고를 통해 민원을 제기합니다. 이 민원을 무서워하는 이유는, 일정 기간 내에 지정된 담당자가 반드시 답변해야 하기 때문입니다. 간부들은 민원을 굉장히 피곤해합니다. 민원인 입장에서는 민원제기만큼 확실한 수단이 없습니다.

저도 입대 전에 민원을 제기한 적이 있는데, 확실한 답변을 들었던 경험이 있습니다. 몇몇은 제게 유선으로 설명한 뒤 민원을 취하해달라고 했습니다. 민원을 담당하는 부서의 병사는 "민원 횟수가 부대 평가에 반영돼 민감하다"고 설명했습니다.

간부들과의 관계는 不可近不可遠(불가근불가원)

훈련병 시절부터 평범한 군 생활을 하지 못했던 저는 新兵

(신병)이 오면 두 가지 이야기를 해줬습니다. 첫째로, 아프면 바로 병원에 가고 싶다고 말하고, 건강한 모습으로 제대하는 것이 가장 큰 애국이자 효도라고 말했습니다. 그러면서 부모님께 자주 연락을 드리라고 했습니다.

대한민국 남성이라면 누구나 軍에 와야 합니다. 간첩을 잡고, 훈장을 타면 크나큰 영광이겠지만, 현실은 쉽지 않습니다. 21개월간 무사히 軍 생활을 하는 것만큼 큰 효도와 애국은 없다고 생각합니다. 군대에서 다쳐서 사회로 나가면, 군대 탓, 국가 탓을 할 수 있기 때문입니다.

둘째로, 간부들과는 不可近不可遠(불가근불가원)의 관계를 맺으라고 했습니다. 사령부에서 행정병으로 근무하는 많은 병사들이 간부의 모습에 크게 실망을 하고 제대합니다. 저는 후임병들에게 "기대가 크면 실망이 크기 때문에 간부들에게 많은 것을 기대하지 말라"고 했습니다. 밤을 지새워 야근을 해도, 흔히 말하는 포상 휴가 하나 주지 않았습니다. 병사들이 군 생활을 하면서 얻는 樂(낙)은 한 번씩 나가는 휴가입니다. 간부들은 병사들이 휴가를 나가면, 자신이 해야 할 일이 늘어나기 때문에 휴가 주는 것을 싫어했습니다. 열심히 일해서 휴가 하나 받기를 원했던 병사들이 휴가를 받지 못해 실망하는 모습이 안타까웠습니다.

우리 사회가 군필자를 선호하는 이유는?

후임병과 농담을 주고받은 적이 있습니다. "불합리한 대우에도 묵묵히 군소리 안 하고 자기 할 일 하는 것을 군대에서 배워 오기 때문에 우리 사회가 군필자를 우대한다는 것 아니냐." 의무 복무이니 참아 가면서 군소리 말고 열심히 군 생활해야 한다는 주장도 있습니다. 병사들은 간부 등쌀에 밀려 욕먹어가며 자신들의 군 생활을 해나갑니다. 문제는 일부 간부들이 병사들에게 모든 일과 책임을 떠넘긴다는 데 있습니다. 월급 200~300만 원씩 받아가며 일하는 간부와 13만 원 받는 병사가 같을 수는 없습니다. 君君臣臣父父子子(군군신신부부자자)라고 했습니다. 계급이 존재하는 이유는, 각자의 위치에 맞는 일을 해야 하기 때문입니다.

朝鮮日報 신춘문예 당선되자, 실무자들은 귀찮아해

소설가 최인호 이후 46년 만에 두 번째로 현역 군인이 朝鮮日報(조선일보) 신춘문예에 당선됐습니다. 이 병사는 저희 사단 신병교육대에서 조교로 복무하고 있었습니다. 이 병사가 당선되자, 부대의 공보 업무를 맡는 실무 담당자들의 표정이 안 좋았습니다. 이들에게 귀찮은 일이 생긴 것입니다.

실무 간부들은 이 병사에게 축하한다는 말보다 "작품 내는 거 保安性(보안성) 검토 맡고 보냈느냐?"는 말을 했습니다. 이 병사가 "소대장에게 허락 맡았다"고 하자, "왜 사령부 ○○부에는 보고를 안했느냐?"고 되물었습니다.

군대에서는 외부에 기고나 작품을 제출할 때 부대에서 '보안성 검토'라는 명목으로 확인을 맡아야 합니다. 저도 국방일보에 기고하려다가 포기한 적이 있습니다. 보안성 검토라는 게 대단한 게 아닙니다. 관련 업무 담당자에게 일종의 '허락'을 맡는 것입니다.

이 병사 때문에 실무자들은 주말에도 출근해 일했습니다. 개인과 부대엔 영광이지만, 실무자들에게는 귀찮은 일입니다. 이 일을 옆에서 보고, 충격을 받았습니다. 제 軍생활은 기대가 무너지고 실망이 거듭되어, 언제부턴가는 우리 군의 이러한 모습이 놀랍지도 않았습니다. 저도 이렇게 변해가고 있었습니다.

400명 중 학점 취득하는 사람은 한 명도 없어

군대에서도 학점을 취득할 수 있다는 기사를 접해본 적 있을 겁니다. 현실은 軍 생활이 힘들어 틈만 나면 자기 바쁩니다. 저도 自隊(자대)에 배치 받은 뒤 목표를 세우고 이를 채우고 제대하기로 계획했지만, 하나도 지키지 못했습니다. 시간이 상대적으로 많은 선임병을 보면 "저 시간에 자기 계발하면 될 텐데"라는 생각을 했습니다. 막상 제가 선임병이 되니 말처럼 쉬운 게 아니었습니다. 저도 잠만 잤습니다.

마음 독하게 먹고 목표를 달성하는 이들도 있는데, 이는 少數(소수)에 불과합니다. 어딜 가든 이런 특별한 소수는 존재합니다. 이 소수가 국방일보 지면을 장식하고, 누구나 조금만 노력하면 군대에서 이렇게 될 수 있다고 일반화하는 데 이용됩니다. 대다수의 병사는 자기 계발할 정도로 여유가 없습니다. 조금 시간이 나면 쉬기 바쁩니다. 쉬지 않고 자기 계발을 하면 몸이 상합니다.

사회에서 군 복무를 '버리는 시간'으로 바라보니 군 당국은 자기 계발도 할 수 있다는 식의 보여주기가 필요했을 것입니다. 제가 군 생활하면서 접해본 400여 명의 병사 중 학점을 취득하려고 시도했던 병사는 한 명도 없었습니다.

자도 자도 졸리고, 먹어도 먹어도 배고픈 곳이 군대입니다. 병사를 위한 복무 여건이 충족되지 않은 풍토에서 병사들에게 자기 계발을 권유하는 것은 沙上樓閣(사상누각)입니다. 신춘문예에 당선된 병사를 귀찮아하는 게 군대의 전반적인 분위기입니다. 자격증 몇 개 정도는 딸 수 있지만, 군 당국이 홍보하는 것처럼 커다란 무언가는 이룰 수 없습니다. 나라 지키러 왔지, 자기 계발하러 군대 온 게 아니기 때문입니다. 군대는 군대입니다.

언론 보도에 민감한 우리 군대

이날은 제가 부대 대표로 사단에서 주최하는 對敵觀(대적관) 발표 경연대회에 참가한 날이었습니다. 경연대회가 한창일 때, 예하 연대에서 사격 훈련 중 산불이 났습니다. 부대에는 비상이 걸렸습니다. 언론도 산불 소식을 들었나 봅니다. 공보 업무를 책임지는 부서의 참모는 언론이 산불을 어떻게 보도할까에 대해 굉장히 민감해했습니다. 이 때문에 경연대회가 차질을 빚었습니다.

신문사별로 기자의 성향을 정리해놓은 문서도 있습니다. 軍을 비판적으로 취재하는 기자가 있었는데, 이 기자의 이름을 사단의 몇몇 행정병들은 익히 알고 있었습니다.

언론 보도를 보면, 군부대에 진공청소기가 보급되고, 드럼 세탁기가 보급됐다는 소식을 접할 수 있습니다. 일부 부대에 국한된 이야기입니다. 전방의 多數(다수) 부대는 아직도 환경이 열악합니다. 저희 부대도 드럼 세탁기가 있었지만, 자주 고장이 나서 효율적이지 못했습니다. 드럼 세탁기의 장점 중 하나가 건조 기능인데, 부대에서는 "건조 기능을 사용하면 금방 고장이 난다"면서 건조 기능을 사용하지 못하게 했습니다. 군대에서는 '통돌이 세탁기'가 최고입니다. 아직도 GOP에서는 세탁기가 부족해, 열 명분 빨래를 한 번에 돌리곤 합니다.

군대는 밖에서 군대를 어떻게 바라보는지를 重視(중시)합니다. 안에서 바라보는 군대는 중요하지 않습니다. 사건이 터지면 은폐하려 하고, 은폐할 수 없을 정도로 커지면 그때서야 뒷수습을 합니다. 군대를 다녀온 예비역들은 군 당국의 발표나 홍보성 기사를 보면 조롱이 섞인 반응을 내보입니다. 현실과 동떨어진 이야기라는 것입니다. 이들은 겪어봤기 때문에 아는 것입니다.

정치권 눈치 보느라 從北(종북)이라는
용어 사용 못하는 정훈 교육

김관진 청와대 국가안보실장은 前職(전직)인 국방장관 시절 從北(종북)세력을 敵(적)이라고 규정했습니다. 일선 부대에서도 종북 세력의 실체를 알리는 정훈 교육을 적극적으로 했습니다. 그런데 어느 순간부터 종북이라는 용어를 사용하는 빈도가 점점 줄어들더니, 종북이라는 용어를 사용하지 않는 분위기가 됐습니다. 한 정훈 장교는 "野黨(야당)이 종북이라는 용어를 사용하지 말라고 했다"고 말했습니다.

김관진 국방장관은 재임 당시 정훈 교육을 놓고 야당과 氣(기) 싸움을 벌인 적이 있습니다. 김관진 장관의 '종북세력=敵(적)'이라는 관점에 일부 야당 의원들이 반발했기 때문입니다. 군대 분위기는 '종북'이라는 용어 사용을 조심스러워 하고 있다는 것입니다. 이 때문에 상급 부대에서도 '사단 차원에서 정훈 교육 교재를 만들지 말라'고 공문이 내려왔습니다. 괜히 용어 등을 잘못 선택했다가 민감한 문제를 건드려 정치권의 타깃이 될 수 있기 때문입니다.

3사단 백골부대 동영상도 삭제

육군 3사단에서 백골부대를 소개하는 3분 가량의 동영상을 유투브(youtube.com)에 올린 적이 있습니다. 인기가 좋아 조회 수도 높았습니다. 백골 부대의 역사를 소개하는 부분인데, 야당에서 마음에 들지 않은 부분이 있었나 봅니다. 동영상에 [1948.4.3~7.3 해방 후 제주 무장공비 폭동 진압을 시작으로]라는 문구가 나왔기 때문입니다. 제주 4·3사건을 언급한 것입니다. 어느 순간 3사단 동영상이 유투브에서 사라졌는데, 야당에서 이 동영상을 내리라고 했다고 정훈 장교에게 전해 들었습니다.

저는 한때 정훈 장교가 돼 장병들의 정신 전력을 책임지는 장교가 되길 꿈꾼 적이 있습니다. 군에 입대하니, 현장의 정훈 장교는 제가 생각했던 정훈 장교와 거리가 있었습니다. 일선 부대의 정훈 장교는 장병들의 政訓(정훈) 교육보다는 公報(공보) 업무에 중심이 쏠려 있습니다. 장병들에게 적개심을 고취하고, 자유민주주의 체제를 수호해야 할 이념을 전파하는 것보다는, 부대가 외부에 어떻게 홍보될지에 관심을 쏟았습니다. 투철한 이념 지식을 갖춘 이보다는 영상, 사

진 편집 프로그램을 잘 다루는 사람들이 필요한 곳이었습
니다.

지금의 정훈 교육은 敵愾心(적개심)을 고양하지 못 해

호지명은 "지도자는 이념으로 전쟁하고, 병사는 적개심으
로 전투한다"고 말했습니다. 지금의 정훈 교육은 틀에 박혀있
고, 생생한 느낌을 받지 못합니다. 자유민주주의의 우월성을
알리는 영상물을 보면 모두들 지루해 합니다. '뻔한 이야기'
라는 것입니다. 몸으로 느끼고, 경험했기 때문에 대한민국이
살기 좋다는 것을 아는 것이지, 학문으로 배워서 아는 것이
아니기 때문입니다.

병사들의 적개심을 고취할 수 있는 가장 좋은 방법은, 적
의 총탄에 戰友(전우)가 피를 철철 흘리며 고꾸라지는 것을
두 눈으로 보는 것입니다. 실제 피를 흘리지 않고도 적개심을
고양할 수 있도록 정훈 교육의 전환이 필요합니다.

첨단 무기가 戰勝(전승) 보장하지 않아

건강은 잃었지만, 軍 복무를 통해 군대를 알게 되고, 한국인의 감정을 조금 더 이해할 수 있게 된 것을 수확이라고 생각합니다. 대한민국 사회는 군대와는 떼려야 뗄 수 없는 곳이기 때문입니다. 대한민국 남자라면 군대에 가고, 여자라면 한 남자의 어머니 또는 아내로서 살아가야 합니다. 국민皆兵制(개병제)인 우리나라에서, 군대는 누구나 직간접적으로 치르는 통과의례인 셈입니다.

군대는 兵(병)이 없으면 지탱될 수 없습니다. 오늘날의 우리 군대는, 자동적으로 충원되는 병사를 2년간 마음껏 굴립니다. 이 과정에서 피해자와 가해자가 생깁니다. 병사들의 복무 여건이 개선돼야 우리 軍의 미래가 밝다고 생각합니다. 징병제를 택한 우리 군대가 兵을 소중히 여기지 않는다면, 국군의 미래는 없고, 미래 없는 국군은 '자유 통일'이라는 국가 목표도 뒷받침할 수 없습니다.

한국군은 병사들의 복무 여건을 향상시킬 소프트웨어에 신경을 써야 합니다. 보이지 않는 無形(무형) 전력에 힘을 쏟아야 합니다. 國父(국부) 李承晩(이승만)이 보이지 않는, 민주

주의라는 소프트웨어를 도입했고, 근대화 혁명가 朴正熙(박
정희)가 눈에 보이는 하드웨어를 만들어냈습니다. 그 다음에
민주주의가 발전했습니다. 우리 군도 兵營(병영) 문화에 대한
생각의 전환이 필요합니다. 무엇을 먼저 하고 무엇을 나중에
해야 하는지 판단해야 합니다.

　첨단 무기가 戰勝(전승)을 보장하지 않습니다. 월남 패망
이 그것을 증명했습니다. 전쟁 초기에는 첨단 무기가 잠깐 빛
을 발할지 몰라도, 결국엔 步兵(보병)이 평양 주석궁에 태극
기를 계양하고 압록강까지 진격해야 戰後(전후) 관리를 할
수 있습니다. 이때 피 흘리며 散華(산화)할 이들은 젊은 우리
병사들입니다. 시급 180원이라고 마음껏 함부로 굴려서는 안
됩니다. 이들은 국가의 부름에 자신의 소중한 2년을 바치는
것입니다.

上下同欲者勝(상하동욕자승)

　윗물이 맑아야 아랫물이 맑다고 합니다. 병사를 지휘 감독
하는 간부의 자질과 의식이 향상돼야 합니다. 軍에서 사건·
사고가 터지는 가장 큰 이유는 부대를 지휘해야 할 해당 간

부가 책임지는 모습을 보이지 않기 때문입니다. 책임을 다하지 않았기 때문에 병사들로부터 '존경'도 받지 못하는 것이 오늘날 군 간부의 현실입니다. 병사들 사이에서는 '병사의 主敵(주적)은 간부이다'는 말이 있습니다. 간부가 존경받는 풍토라면 어떻게 이런 말이 나왔겠습니까. 간부부터 병사들에게 존경을 받겠다는 자세로 軍 생활을 해야 합니다. 누군가를 존경하면, 존경하는 사람처럼 되고 싶은 게 사람입니다. 간부부터 솔선수범해 존경받는 간부가 되겠다는 심정으로 임해야 병사들이 따를 것입니다.

上下同欲者勝(상하동욕자승)이라는 말이 있습니다. '장수와 병사 그리고 조직의 윗사람과 아랫사람이 같은 목표를 가지면 반드시 승리한다'는 뜻입니다. 오늘날 우리 軍에게 필요한 문구라고 생각합니다.

국가의 부름을 받은 우리 젊은이들은 이 시간에도 폭염과 혹한을 견디며 전방의 가파른 계단을 오르내리고, 領海(영해)와 領空(영공)을 수호하며 우리의 안녕을 지키고 있습니다. 병사들에게 진정한 관심을 갖고, 책임지려는 자세를 보일 때 제2의 임 병장, 윤 일병 사건의 재발을 막을 수 있습니다. 군대가 병사를 사랑하고 보호할 때, 국민도 군대를 사랑하고 보호할 것입니다.

4 휴대전화가 무전기를 대신해

人權(인권) 교육한다고 달라지겠습니까?

28사단 윤 일병 구타 사망 사건의 파문이 커지자, 8월 8일 軍부대에서는 온종일 '인권 교육'을 했다고 합니다. 교육받은 병사들에게 느낀 점을 말해달라고 하자, "인권 교육한다고 달라지겠습니까? 달라졌다면 벌써 달라졌지. 안 달라지는 거 다 알지 않습니까?"라고 했습니다. 軍당국은 두 달에 한 번씩 인권 교육을 한다고 발표했습니다. 병사들 입장에선 귀찮은 일이 하나 늘어난 것입니다.

국방인권협의회 설치

軍당국이 윤 일병 사건의 후속책으로 '국방인권협의회'를 설치하고, 대대급(약 400~500명) 부대에 '인권 교관'을 임명해 병사들에게 주기적으로 인권 교육을 시행하겠다고 발표했습니다. 軍에서 제시한 이번 대책도 실효성이 없을 가능성이 높습니다. 대대급 부대에 인권 교관을 임명한다고 말하지만, 일선 부대의 상사급 부사관을 불러 모아놓고 인권 강의 몇 시간 듣게 한 뒤 교관이라는 호칭을 붙여줄 것입니다. 어느 순간부터는 인권 교육도 흐지부지돼 이전과 다를 게 없을 것입니다. 저희 부대에도 인권 상담실이 있었는데, 행정반 문짝에 '인권상담실'이라는 푯말만 붙여 놓은 것이었습니다.

軍당국이 내놓은 대안은 근본 해결책이 아닌 여론 무마용으로 보입니다. '가치관'이 변하고 '복무여건'이 향상돼야지, 위원회를 만든다고 달라지지 않습니다. 군대는 기본적으로 인권이 제한되는 곳입니다. 앞으로 '인권'을 들먹이며, '휴대전화 사용하겠다', '힘드니 훈련에 참가하지 않겠다'는 반응도 나올 수 있습니다. 국가 안보를 우선하면서 복무 여건을 향상시켜야 합니다.

저는 우리나라 近代化(근대화)의 시발점이 새마을 운동이라고 생각합니다. 새마을 운동은 '가치관'의 혁명이었습니다. 勤勉(근면)·自助(자조)·協同(협동)을 바탕으로 근대화가 이뤄진 것입니다. 가치관이 변하지 않고서는 어느 조직이든 발전할 수 없습니다. 변죽만 두드리는 정책은 근본 해결책이 될 수 없습니다. 이전에도 軍당국은 시끄러운 사건·사고가 터지면 그럴듯한 방편을 내세웠습니다. 또 사고가 터지니 이전과 유사한 展示性(전시성) 대책을 내놓았습니다.

'병영문화혁신위원회'가 부대를 불시 방문?

윤 일병 구타 사망 사건 등 각종 사건·사고가 일어나자 軍 당국은 '민관군 병영문화혁신위원회'를 8월 초에 출범시켰습니다. 8월 12일에는 위원회가 '不時(불시)'에, 사건이 일어났던 28사단의 한 부대를 방문했다고 보도됐습니다. 과연 '불시'에 찾아갔을지 강한 의심이 들었습니다.

제 경험상 외부 손님의 부대 방문이 예정돼 있으면 오래 전부터 이를 기획하고 준비해야 합니다. 특히 軍당국이 사건 수습을 위해 내세운 '병영문화혁신위원회'가 부대를 방문한 다는데, 부대에서는 아무 준비도 하지 않고 이들을 맞지는 않았을 것입니다. 28사단에서는 방문 사실을 미리 알고 대대 적으로 준비해 맞았을 가능성이 큽니다. 위원회가 아무 부대 나 방문할 수 없으므로, 사단에서는 어느 부대를 방문할지 를 미리 선정해 놓고, 위원들의 식사는 어떻게 하고, 動線(동 선)은 어떻게 할지를 기획하고 준비합니다. 일개 위문 단체가 부대를 방문해 초코파이를 나눠줄 때도 일정과 계획, 동선이 다 짜여 있습니다.

사단 인사처에는 부대 방문이나 행사 업무를 전담하는 장교가 있습니다. 이 장교가 기획한 내용에 따라, 해당 부대는 힘들게 위원들을 맞이할 준비를 했을 것입니다. 사회적 이목을 끄는 집단이 방문하는데 청소 상태가 불량하고 부대원들도 아무 준비가 안 돼 있는 모습을 보인다면 '외부 손님' 대접하는 자세가 아니라고 생각하기 때문입니다.

일례로, 외부 인사의 부대 방문이 예정돼 있으면 방문 전부터 식사를 어떻게 할 것인지 준비합니다. 장병들의 기본 식사량에다가 방문자 수에 맞게 식재료를 추가 배정해야 하기 때문입니다. 부대 장병들만 먹을 분량을 준비했는데, 말 그대로 '불시'에 방문했다가는 위원들이 식사를 못 하는 불상사가 일어날 수 있기 때문입니다.

언론은 부대를 방문한 혁신위 위원들의 질문에 '병사들이 모범 답변만 늘어놓았다'고 했습니다. 모범 답안을 이야기할 수밖에 없는 이유는 두 가지입니다. 부대에 가혹행위가 실제로 없거나, 있다 해도 말을 할 수 없는 분위기이기 때문입니다. 후자의 경우, 해당 부대의 간부가 병사들에게 無言(무언)의 입단속을 시켰을 수도 있습니다.

부대에 부조리가 있더라도, 난생처음 본 위원회 사람에게 '말실수'했다가 배신자로 낙인 찍혀 軍생활이 피곤해질 수 있습니다. 현실적인 생각을 한 병사들은 부조리가 있더라도 말을 하지 않았을 것입니다. 그곳에 모인 하나하나의 병사가 서로를 감시한 셈입니다. 이 때문에 병사들은 위원들의 물음에도 '모범 답안'으로 말할 수밖에 없었을 것입니다. 말해도 어차피 바뀌지 않을 것을 병사들도 잘 알기 때문입니다.

형식적인 면담과 병사 관리

언론은 윤 일병의 상관이 작성한, 피해자 윤 모 일병과 가해자 이 모 병장의 부대 생활 기록을 입수해 보도했습니다. 이 간부는 윤 일병에 대해서는 '부대 생활 잘하고 있다', 이 병장은 '모범병사'라고 기록했다고 알려졌습니다.

이는 병사들의 내무 생활이 형식적으로 관찰, 기록된다는 一例(일례)입니다. 소대장 아래에는 40명 내외의 병력이 있습니다. 이들을 모두 상담하는 것은 물리적으로 매우 힘듭니다. 면담하더라도 형식적인 면담으로 그칠 수밖에 없습니다. 저희 부대의 경우, 관심 병사만 간부와 면담을 했고, 문제없이 생활하는 병사는 따로 면담하지 않았습니다.

병사들의 신상은 주로 분대장(분대의 최선임 兵으로, 분대는 10명 내외의 병사로 구성)이 작성하는 '분대장 관찰일지'

를 간부가 확인하고, 특이 사항을 기록해 관리하는 수준입니다. 일종의 상향식 보고입니다. 분대장 관찰일지 역시 형식적입니다. 분대장은 분대원들과 상담하고, 이들의 고충을 일지에 매일 기록해야 함에도 간부가 검사한다고 하면 그때야 몰아 씁니다. 관찰일지는 소대장의 부담을 덜어주고, 병사들 사이에 벌어지는 일을 자세히 알기 위해 만들어졌지만 잘 활용되지 못합니다.

분대장은 여기저기 불려다녀 귀찮은 자리입니다. 병사들 사이에 문제가 발생하면 연대책임, 관리 소홀이라는 명목으로 징계를 당하기도 합니다. 분대장을 하면 '위로 휴가'를 받습니다. 이 때문에 책임감이 없는데도 분대장을 하는 병사들이 있습니다.

복무 의욕 저하

명예심은 내적인 자존감과 외부에서 그 대상을 바라보는 시선에 따라 달라집니다. 현재 병사들에게 명예감은 거의 없는 상태입니다. 더 나아가 '명예'는 병사들과는 관계없는, 고위직 장교들에게만 해당하는 말이라고 생각합니다. 형식적이지만 '국가에 충성하고 오겠다'는 포부를 품고 입대합니다. 軍생활을 계속해 나아갈수록 입대 초기의 자존감은 사라지고 시간만 빨리 가기를 바랍니다. 軍생활을 하며 자긍심을 얻는 것이 아니라 자존감을 잃어버리는 것입니다.

병사들은 출타(외출·외박·휴가)를 나갈 때면 간부들에게 가장 먼저, 가장 많이 듣는 이야기가 "밖에서 사고 치지 말라"는 이야기입니다. 그러면서 "(민간인이) 때리면 그냥 맞아"라고 합니다. 병사들은 밖에 나가면 사고치지 않도록 조심부터 해야 하고, 때리면 그냥 맞아야 하는 정도밖에 안 되는 것입니다. 이 때문에 밖으로 나가면 병사들은 군복부터 벗고 싶어 합니다. 유니폼이 주는 소속감, 명예감을 던져버리고 일단 자유로워지고 싶다는 심리입니다. 오죽하면 간부들도 밖에선 군복을 입고 돌아다니는 것을 꺼립니다.

전방 지역에선 아직도 軍 장병을 대상으로 한 바가지 요금이 여전합니다. 병사들이 가장 많이 찾는 PC방도, 주중엔 천 원이지만 주말에는 천오백 원입니다. 병사들이 주말이면 외출·외박을 하기 때문입니다. 병사들은 부대에서 번화가로 가기 위해선 택시를 타야 합니다. 부대 위치에 따라 요금은 다르지만, 편도로 약 만 원에서 삼만 원 정도 하는데, 카드는 안 되고 현금만 내야 합니다. 공급은 한정돼 있고, 군 장병들의 수요는 꾸준하니 배짱 영업을 하는 것입니다.

軍가산점제 폐지, 여성의 사회 진출 장려로 인한 逆차별의 증가, 복무 여건 향상 및 병역 혜택 不在(부재) 등도 오늘날 병사들의 내적 자존감을 떨어뜨리는 데 영향을 줬습니다. 의무는 다했지만, 요구할 권리가 없는 것입니다. 전직 대통령도 재임 시절 軍복무를 '인생 썩힌다'고 표현하지 않았습니까.

우수 자원이 장교로 입대 안 해

예전에는 우수 자원이 초급 장교로 복무하는 것을 선호했습니다. 병사의 복무 기간이 21개월로 단축된 뒤로는 우수한 인력이 장교로 입대하는 것보다 兵으로 가는 것을 선호합니다. 학군장교(ROTC)는 28개월을 복무합니다. 대학 재학 중에는 3·4학년 방학 때마다, 하계·동계 입영 훈련을 한 달씩 받아야 합니다. 학사장교는 대학 졸업 후 약 4개월간 훈련을 받은 뒤 임관해 3년을 복무해야 합니다. 초급 장교 중 일부는 계급만 장교일 뿐, 책임감이 떨어지는 이들도 많습니다.

최근에는 카투사(KATUSA)로 우수 자원이 쏠립니다. 카투

사의 장점은 미군부대에서 근무해 영어를 익힐 수 있다는 것
과 복무 환경이 쾌적하다는 점입니다. 흔히 SKY라고 불리는
명문대 출신이 카투사의 약 20%를 이룬다고 합니다. 외국 대
학 출신을 포함하면 이 비율은 더 높아질 것입니다. 카투사
는 공인 영어 성적을 충족한 이들을 대상으로 추첨을 통해
입대하기에, 영어도 좀 하고 運(운)도 좋아야 갈 수 있습니다.
저희 부대에도 카투사를 지원했지만, 추첨에서 떨어져 입대
한 병사들이 몇 있었습니다.

義警(의경)이 인기

　군복무를 대체하는 의무경찰(義警) 제도가 있습니다. 과거
에는 戰(전)·의경 제도가 함께 운영됐는데, 전경은 폐지되고
의경만 남았습니다. 요즘은 의경이 인기입니다. 조현오 前 경
찰청장이 재임 시절 전·의경들의 악·폐습을 뿌리뽑아 놓고,
복무 여건도 개선했기 때문입니다. 부조리를 저지른 이들은
강한 처벌을 받거나 전출을 갔고, 부대가 해체되기도 했습니
다. 의경을 가는 이들은 조현오 前 청장에게 감사해야 한다
는 우스갯소리도 한동안 돌았습니다. 높은 지원율 때문에 의

경으로 입대하기 위해선 1년 가까이 입영을 기다리는 이들도 많습니다. 사회에서 격리되지 않고 복무하는 것도 장점으로 꼽힙니다.

초급 장교와 부사관 사이의 갈등

장교를 머리, 부사관을 허리, 병사를 손·발이라고 표현합니다. 신분의 차이 때문에 장교와 부사관 사이에는 보이지 않는 갈등이 있습니다. 장교는 계급으로 앞서려 하고, 부사관은 실무로 앞서려는 것입니다.

장교는 한 곳에서 1~2년 정도 근무한 뒤 전출을 가지만, 부사관은 한 지역에서 오래 근무하는 경향이 있습니다. 저희 사단에서만 17년을 복무한 상사를 본 적 있는데, 이런 사례가 많습니다.

부사관들은 종종 자녀 교육이나 가정사 때문에 인사 교류를 통해 다른 곳으로도 갈 수 있습니다. 반대로 진급에 유리한 높은 평점을 받기 위해 후방에서 근무하다가 전방으로 지원하는 경우도 있습니다.

장교는 지휘관이나 참모로서 한 곳에서 1~2년가량 거쳐

가는 성격이 짙습니다. 이 때문에 부사관과 장교 사이에는 부대 운영 방향을 놓고 종종 보이지 않는 마찰이 일어납니다. 이에 대해 병사 출신 모 중사와 이야기를 한 적이 있습니다. 그는 "부사관들은 한 곳에 오랫동안 근무하기 때문에 주인의식이 있지만, 장교들은 금방 다른 곳으로 가기 때문에 주인의식이 부족하다"고 했습니다. 부사관 입장에서는 兵事(병사) 관리, 부대 예산 관리 등 실무를 담당해 부대 운영에 전문적이지만 장교들은 계급만 높고 실무 전문성이 떨어진다는 것입니다.

일부 장교들도 부사관을 좋게 보지 않습니다. 원색적인 표현이지만, 부사관을 '무식하다'고 표현하기도 합니다. 이 때문에 사령부의 소령급 참모와 그 부서의 부사관들 사이에 갈등이 있었다고 합니다. 참모인 모 소령이 부하인 상사에게 기분을 상하게 할 표현을 하자, 해당 부서에 있던 준위와 중사도 합세해 이 참모에게 문제를 제기했다고 합니다.

저희 부대에서 있었던 일입니다. 2년 정도 복무한 학사 출신 중위와 15년을 軍생활한 상사 간에 마찰이 있었습니다. 이 장교는 계급으로 밀어붙였고, 이 상사는 실무 경험으로 밀어붙였습니다. 은연중에 이 상사가 중위에게 '내가 실무를 더 잘 안다'는 식으로 행동했습니다. 이 때문에 이 둘의 사이가 좋지 않았습니다. 이 장교는 전출을 갈 때 이 부사관이 자신을 무시한다며 상부에 문제를 제기했고, 이 상사는 징계를 받았습니다.

사령부에서 있었던 일입니다. 재정 담당 부서의 한 중위가 사령부에 있는 부사관들을 심하게 下待(하대)했습니다. 軍생활을 20년 이상 한 원사급 부사관에게도 자신의 계급이 더 높다는 이유로 하대했습니다. 이 부사관이 3사 출신 장교에게 이 사실을 말했습니다. 3사 출신 장교는 이 버릇없는 중위를 불러 한소리 했습니다. 부사관을 하대했던 이 중위도 부사관 출신으로, 3사를 졸업해 장교가 된 것입니다.

장교와 부사관 사이에는 상호 존칭을 사용하는 경우가 많습니다. 인사 업무를 담당한 동기는 "陸本(육본)에서 장교·부사관 간에 하대하지 말고 상호 간 존칭을 사용하라고 지시가 내려왔다"고 말했습니다. 제가 경험해보니, 상사는 대위에서 소령급, 원사는 소령에서 중령급에 준하는 예우를 받는 것으로 보였습니다.

계급별 생활관

육군은 일부 부대에 '계급별 생활관(同期 생활관)'을 도입했습니다. 비슷한 계급끼리 내무 생활을 하는 것입니다. 제가 자대 배치받았을 때, 저희 부대는 소대 단위의 '분대별 생활관'에서 '동기 생활관'으로 바뀌었습니다. 제가 속한 소대는 네 개의 분대가 네 개의 생활관을 사용했습니다. 분대별 생활관은 각 분대의 분대장부터 분대의 막내 병사까지 함께 생활하는 방식입니다. 계급별 생활관은 일병은 일병끼리, 병장은 병장끼리 생활하는 제도입니다.

軍생활 중 막내 생활이 가장 힘들다고 합니다. 저도 계급이 낮을 땐 同期 생활관 덕분에 선임들의 눈치를 덜 보고 내무 생활을 했습니다. 분대별 생활관은 계급 낮은 병사들이 선임병의 눈치를 보기 때문에 심리적 부담이 컸습니다.

계급별 생활관은 긍정적인 면이 많습니다. 비슷한 계급끼리 지내니 편하게 지낼 수 있습니다. 후임병들도 TV를 자유롭게 보고, 낮잠도 자유롭게 잘 수 있습니다. 계급별 생활관이라고 모두 같은 계급과 같은 호봉만 있는 것은 아닙니다. 내무반(생활관)의 자릿수에 따라 달라져 병장과 상병이 함께

하거나 상병과 일병이 같이 생활하는 경우도 있습니다.

막상 병장이 되니 계급별 생활관의 단점도 보였습니다. 분대별 결속력이 약해졌다는 것입니다. 이 때문에 저희 부대에서는 '분대 단위로 밥을 같이 먹으라'는 지시가 있었습니다. 일부 선임병들은 계급이 낮은 병사들에게 너무 많은 편의가 주어지는 것에 대해 좋지 않은 시각도 가졌습니다. 이들의 주장은 '軍생활이 차츰차츰 편해져야 하는데, 동기 생활관은 한 번에 너무 많은 것이 주어진다'는 것입니다.

휴대전화가 무전기를 대신해?

간부는 부대에서 휴대전화를 사용할 수 있습니다. 대다수 간부는 군인 전용 휴대전화에 가입합니다. 이를 줄여서 '군폰'이라고 부릅니다. 군폰의 특징은 전화번호가 010-50××-××××의 형식으로 돼 있다는 점입니다. 군부대의 전화는 민간 전화망과 분리돼 군부대끼리만 전화를 주고받을 수 있습니다. 군폰은 군부대 전화와 민간 전화 모두 통화 가능합니다. 예전에 꽃뱀이 군 간부를 상대로 사기를 쳤을 때도 간부들의 휴대전화번호 특징을 파악해 범죄를 저지른 것입니다.

군에 와서 놀랐던 것 중 하나는 휴대전화가 무전기를 대신한다는 것이었습니다. 휴대전화가 없으면 외부에 있는 간부와 서로 연락을 주고받을 방법이 없습니다. 휴대전화의 성능이 월등해 그럴 수도 있습니다만, 盜監聽(도·감청)과 위치 노출 등 보안에는 다소 문제가 있을 수 있다고 생각했습니다. 훈련할 때도 간부들은 휴대전화를 이용해 훈련 내용을 주고받았습니다. 천안함 爆沈(폭침) 때도, 휴대전화로 구조 요청을 했다고 알려졌습니다.

軍생활 중 무전기를 세 번 써봤습니다. 한 번은 꽃에 물 주러 갈 때, 또 한 번은 청소하러 갈 때, 마지막으로 군단에서 시행하는 대규모 훈련 때뿐이었습니다.

휴대전화 반입, 일선 병사들도 부정적

윤 일병 사건 이후, 국회에서 野黨(야당) 의원이 육군 총장을 앞에 앉히고, "차라리 엄마에게 이를 수 있도록 병사들에게 휴대전화를 지급하라"고 말했습니다. 非현실적인 주장입니다. 부대에는 공중전화 시설이 갖춰져 있어 휴대전화가 굳이 필요 없습니다. 단순히 '집에 전화할 목적'이라면 부대에 있는 공중전화로 충분합니다. 컴퓨터 사용도, '사이버지식정보방'이라는 일종의 부대 내 PC방을 이용하면 됩니다.

복무 중인 여러 병사에게 "휴대전화 반입을 어떻게 생각하느냐?"고 물으니, 그들은 "말도 안 된다"면서 "휴대전화 때문에 보안 문제가 발생하면 어떻게 하고, 휴대전화 충전은 어떻게 할 것이며, 사용 요금은 누가 낼 것이냐"면서 하나같이 부정적인 반응을 보였습니다.

휴대전화를 반입해 부모님에게 전화만 하는 것은 아닐 겁니다. 누군가는 게임도 하고, 카카오톡, 페이스북과 같은 메신저도 할 것입니다. 훈련하는 장면을 촬영해 SNS에 올리는 등 각종 軍紀(군기) 문란, 보안 위반 사례가 발생할 것입니다. 경계 근무에 들어가서도 사수(선임병)는 게임을 하고 부사수(후임병)만 경계하는 일이 벌어질 수 있습니다. 지금도 일부 간부들은 근무 시간에 휴대전화로 게임을 하거나 메신저를 합니다. 미군 병사가 휴대전화를 사용하는 것과 한국군 병사가 사용하는 경우는 다릅니다. 보편성과 특수성을 잘 가려야 합니다. 빈대 잡으려다가 초가삼간 태울 수 있습니다.

간부들은 휴대전화를 사용하기 때문에 공중전화가 고장이 났는지 무관심한 경우가 많습니다만, 간부가 해당 업체에 고장 신고를 하면 금방 고치러 옵니다. 전화 시설이 열악하다면 추가 설치를 하고, 간부가 관심을 가지면 됩니다.

일부 병사들은 軍章店(군장점)에 휴대전화 맡겨

지휘관의 허가를 받은 병사만 부대에서 휴대전화를 소지·사용할 수 있습니다. 제 주변의 선후임 중, 지휘부(장성급, 대령급) 운전병들만 신속한 연락을 위해 휴대전화를 사용했습니다. 대다수의 병사는 부대에서 휴대전화를 사용할 수 없기에, 일시 정지한 상태로 집에다 보관합니다. 일부 병사들은 휴대전화를 부대 인근까지 갖고 온 뒤, 복귀할 때쯤 근처 軍章店(군장점), 일명 '용사의 집'에 맡깁니다. 저도 이곳에 맡겼습니다.

출타할 때면 용사의 집에 맡겼던, 일시 정지 상태인 휴대전화를 찾아 통신사에 전화해 이용 가능한 상태로 만들어 사용하고, 부대로 돌아갈 때 일시 정지를 시킨 뒤 군장점에 다시 맡기는 식입니다. 보관료를 받는 군장점도 있고, 무료로 맡아주는 곳도 있습니다. 무료로 맡아주는 곳은 분실시 책임을 지지 않는다고 말합니다.

사단에서는 병사들이 군장점에 휴대전화를 보관하는 것을

좋지 않게 보고, 군장점의 휴대전화 보관 시설 현황을 조사한 적이 있습니다. 이 규모가 매우 커 다들 놀랐습니다. 사단에서는 군장점에 휴대전화를 맡기지 말라고 지시했지만 달라지는 것은 없었습니다. 병사들은 계속해서 군장점에 맡기고 있습니다.

예전처럼 공중전화가 주변에 많지 않아, 휴대전화가 있으면 외출·외박을 할 때 유용합니다. 휴가를 나갈 때도 휴대전화를 든 상태로 집에 가면, 가는 동안의 무료함도 달래고 왠지 휴가도 빨리 맞는 느낌입니다. 저희 어머니는 "어차피 집에 와서 휴대폰을 쓸 건데 뭐하러 갖고 가냐"고 말했지만, 병사들은 '해방감'을 조금이라도 빨리 맞고 싶은 마음입니다. 요즘엔 스마트폰이 전화뿐만 아니라 컴퓨터의 기능도 있어 필수품이 돼버렸습니다.

5

피해자에서
가해자로 바꿔다

고문관

　고문관, 구타유발자라는 용어가 있습니다. 입대하기 전 들어만 봤지, 경험해보진 못했습니다. 自隊(자대)에 오니 同期(동기) 한 명이 고문관이었습니다. 하루에도 여러 번 선임에게 혼났습니다. 저녁 점호가 끝나고 자야 하는데도, 선임들한테 혼나는 고문관 때문에 잠을 못 잤습니다. 이 고문관은 훈련소 때부터 '구타유발자'라는 이유로 '관심병사'였습니다. 관심병사라고 고문관은 아니지만, 고문관은 구타유발 등의 사유로 관심병사일 가능성이 많습니다.

　이 고문관이 선임에게 혼나는 게 불쌍해 PX에서 맛있는 것도 사주고 했습니다. '시간이 흐르면 이 고문관이 잘 하겠지'라고 생각했습니다. 시간이 흘러도 바뀌질 않았습니다. 곧 들통날 거짓말만 하고, 어떻게 해서든 자기 편한 대로만 하려고 했습니다. 잘해주니 오히려 저를 만만하게 봤습니다. 선임들도 이 병사를 개선시키려고 노력했지만, 달라지지 않았습니다. 저는 이 병사가 사격하는 게 굉장히 걱정됐습니다.

　한 번은 고문관이 선임 중 한 명을 영창에 보냈습니다. 이 선임은 고문관을 나무라기도 했지만, 가장 잘 대해준 선임이었습니다. 이 선임이 자신에게 잘 해주니, 만만하게 생각하고 간부에게 말한 것이었습니다. 저도 어느 순간부터는 이 동기를 고문관 대하듯 했습니다. 나중에 이 고문관은 선임 대접도 받지 못하고 下剋上(하극상)을 당하기도 했습니다. 하루라도 사건·사고가 없으면 이상할 정도였습니다.

하루는 이 고문관이 경계 근무를 나가 空砲彈(공포탄)이 든 탄알집(탄창)을 잃어버렸습니다. 즉시 보고한 뒤 일을 수습했어야 하는데, 보고하지도 않고 끝까지 모른 척했습니다. 이 때문에 헌병대에서 저희 부대를 조사하고, 기무부대에서까지 왔습니다. 참모장(대령)에게도 보고돼 참모장이 부대를 찾았습니다. 병사들은 '범인'을 찾느라 새벽이 넘어서까지 잠을 못 잤습니다. '탄창 분실 사건'으로 이 병사는 영창에 15일 다녀왔습니다.

고문관에게 영창 다녀온 소감을 물으니, "편하고 좋았다"는 말을 했습니다. 영창의 하루를 물어보니, 때 되면 밥 나오고, 온종일 책만 읽게 한다고 합니다. 영창의 구조도 일반 내무반과 똑같이 생겼다고 합니다.

한 번은 고문관의 친구가 고문관이 근무하는 사무실로 전화했습니다. 이 친구는 자신을 '××사단 대령'이라고 소개했습니다. 이 친구가 고문관을 찾자, 이상하게 여긴 선임이 수화기를 향해 "너 ○○○(고문관) 친구지?"라고 했습니다. 그러자 이 친구는 "아닌데요"라고 한 뒤 전화를 끊었답니다. 전화를 건 친구도 ××사단에서 복무 중인 '관심병사'였다고 합니다. 이 때문에 부대가 잠깐 시끄러웠던 적도 있었습니다.

군대는 공동의 목표를 갖고 집단생활을 합니다. 개인의 역량이 부족해도 노력하는 모습을 보이면 불편을 감수해가며 함께 합니다. 이것이 사회와 다른 점입니다.

이 때문에 軍에서 벌어지는 따돌림 문제는 당사자의 책임도 있습니다. 사회에서는 보지 않고, 만나지 않으면 되지만, 군대는 24시간 함께 생활을 하는 곳이기 때문입니다. 군대에 다녀온 이들은 군에서 따돌림을 당하는 당사자도 문제가 있다는 것을 경험해봐서 알고 있습니다. 선뜻 말하기 힘든, 불편한 내용입니다.

피해자에서 가해자로

고문관이 선임이 되자, 자신이 당한 부조리를 후임들에게 그대로 저질렀습니다. 후임들을 새벽 2시까지 재우지 않고, 욕을 하며 '軍생활 힘들게 해주겠다'고 말했습니다. 이 고문관의 후임으로, 20대 후반의 고등학교 교사가 있었습니다. 하루는 경계 근무를 서는데, 고문관이 후임에게 총을 겨누며 '내가 만만하냐? 만만하지? 인정해!'라고 위협을 줬다고 합니다. 당시 후임은 공포를 느꼈다고 합니다.

이외에도 후임들에게 수많은 惡行(악행)을 저질렀는데, 자신이 당한 것 이상으로 후임들에게 실천한 것입니다. 일종의 보상심리였습니다. 나중에는 후임의 계급이 높아지고 단호하게 행동하니 오히려 이 고문관이 이 후임에게 끽소리 못 했습니다.

간부들도 이 병사에게 문제가 있다는 것을 알았지만 '병사들끼리 알아서 잘 처리하겠지'라고 생각하며 방치했습니다. 결국 이 고문관은 제대를 얼마 남기지 않고 다른 소대로 전출을 갔습니다.

일찍부터 간부가 문제를 적극적으로 해결했으면 이 병사도 피해를 덜 봤을 것입니다. 간부들은 본인이 피해를 보기 전에는 먼저 움직이지 않았습니다. 군대라는 곳이 사고 터지면 그때야 뒷수습하는 습성이 있다는 것을 다시 한 번 느꼈습니다.

계급

육군 병사는 21개월을 복무해야 합니다. 계급별로 이병·일병·상병 각각 6개월. 병장 3개월을 보내야 했습니다. 제가 입대할 때쯤 제도가 바뀌어 이병 3개월, 일병·상병 각 7개월, 병장 4개월을 해야 합니다. 요즘은 입대하고 훈련소를 거쳐 자대에 온 뒤 얼마 안 돼서 일병이 됩니다.

이병은 부대 적응하기에 바쁩니다. 군생활에 적응할 때면 일병이 되는데, 이때 선임들로부터 부조리나 가혹 행위도 많이 당합니다. 이병은 아무 것도 모르기 때문에 잘못해도 그 위에 계급인 일병이, 이병 교육을 제대로 안 시켰다고 혼납니다. 상병이 되면 부대의 중간 위치로, 내무 생활에서 벌어지는 잡다한 일을 처리합니다. 상병을 절반 이상 보내면 실세가 됩니다. 병장이 되고 제대할 시간이 가까워질수록 차츰차츰 손을 떼기 시작합니다. 곧 제대할 사람이 사사건건 끼어드는 것을 후임병도 좋아하지 않습니다. 제대가 한두 달 정도 남으면 힘이 빠집니다.

'내리 갈굼'이라고 있습니다. 이병이 잘못하면, 병장이 상병을 혼내고, 상병이 다시 일병을 혼내고, 일병이 이병을 혼내는 식입니다. 후임병이 잘못하면 가장 피곤한 위치가 상병과 일병입니다. 상병과 일병은 자신이 잘못한 것도 아닌데 혼나는 일이 있기 때문입니다. 이 때문에 일병 때까지 참았던 병사들이 상병이 돼 후임들에게 부조리를 행하는 경우가 많습니다. 軍紀(군기)를 잡아야 하는 위치이기도 하고, 자신도 당한 게 있으니 후임에게 똑같이 하는 것입니다. 자신도 선임에게 맞았으니, 후임을 때립니다. 피해자가 가해자가 되는 것입니다. 제 후임 중 한 명은 선임들에게 부조리를 많이 당했는데, 자신부터는 부조리를 끊겠다고 해서 부조리를 없앤 경우도 있습니다.

계급 차가 많이 벌어지면 말도 못 붙입니다. 저도 이등병 시절, 병장에게 궁금한 것을 물어보려다가, '어디 이등병이 병장에게 말을 거느냐'면서 선임이 제지를 했습니다. 통상 자신의 계급에서 위·아래로 6개월 정도 차이 나는 병사와 친해집니다. 저도 6개월 위인 선임까지 친하게 지냈고, 후임의 경우도 6개월 아래까지만 친하게 지냈습니다. 계급 차가 크게 나면 병사들 간에 서로 가까워지기 힘든, 보이지 않는 벽이 있습니다.

자신보다 1년 뒤에 입대하는 군번을 아들 군번이라고 합니다. 2013년 6월에 입대한 병사는 2014년 6월에 입대한 병사를 '아들'이라고 부릅니다. 아빠와 아들이 되는 것입니다. 두 해가 차이가 나면 '할아버지'가 됩니다. 과거 군복무 기간이 길었을 때는 '할아버지'라는 말도 있었는데, 요즘은 21개월로 줄어들어 사용하지 않습니다. 6개월 차이 나는 군번은 삼촌-조카 관계를 맺습니다.

군인들이 많이 사용하는 俗語(속어) 중 '짬밥' 또는 '짬'이라는 용어가 있습니다. 여러 가지 의미가 있는데, 주로 '군복무 기간'이나 '남은 음식'을 표현할 때 쓰입니다. 병장이 일을 제대로 못하면 "짬밥 하루 이틀 먹었느냐?"는 말을 듣습니다. 일 따위를 떠넘긴다는 뜻도 있습니다. "화장실 청소 일병들한테 짬 시켜라"와 같이 주로 부정적으로 쓰입니다. "남은 음식 짬 시켜라"는 말은 잔반을 버리라는 뜻입니다. '거시기'라는 용어가 폭넓게 쓰이듯, '짬'이라는 말도 용례가 다양합니다.

'서당 개 3년이면 풍월을 읊는다'는 말처럼, '짬' 좀 먹으면 웬만큼 다 할 줄 압니다. 밖에서 아무리 날고 기다가 군에 오더라도 '짬' 먹은 병장 앞에서는 하룻강아지입니다. 병장은 '삽질'하는 자세부터가 다릅니다. 무슨 일이 터졌다고 하면 대처 능력도 남다릅니다. 일선 부대에서는 상병이나 병장이 신임 소위나 하사들을 은연중에 무시하는 일도 있습니다.

군복무 기간이 짧다고들 합니다. 실제로 병장쯤 되면 軍생활에 대한 이해가 높아져 쓸 만해졌는데, 금방 제대를 하는 것 같았습니다. 군복무 기간 단축은 국가와 군차원에서는 막대한 전투력 손실이라고 생각합니다.

육군에는 '전문 하사' 제도라는 것이 있습니다. 병사로 전역한 다음 날부터 자신의 복무한 부대에서, 하사로 6개월에서 18개월까지 추가 복무하는 것입니다. 봉급도 어느 정도 받을 수 있어, 금전적 이유로 전문 하사를 하는 경우가 있습니다.

징계

남경필 경기 지사의 장남이 후임병을 폭행하고 성추행을 저질러 문제가 됐습니다. 6사단 헌병대는 南 지사의 아들에 대해 두 차례나 구속 영장을 청구했지만 모두 기각당했다고 보도됐습니다.

저희 부대에도 性군기 위반으로 징계를 받은 병사들이 몇 있었습니다. 軍에서는 성희롱, 성추행, 성매매 등 性과 관련된 사건을 통칭해 '性군기 위반'이라고 합니다. 한 선임병은 샤워실에서 후임이 귀엽다며 후임병의 중요 부위를 만져 영창 10

일을 다녀왔고, 性행위를 연상시키는 행동을 했다가 휴가제
한을 받은 병사도 있었습니다.

남성들만 모여 생활하니 억압된 욕구가 노골적으로 표출되
는 일이 많습니다. 상대방의 가슴이나 중요 부위를 만진다든
지, 性행위를 연상시키는 자세를 취하는 경우가 있습니다. 선
임병이 남성 役(역)을, 후임병이 여성 역을 맡는 셈입니다. 대
부분 장난으로 시작됩니다. 당하는 후임병들도 다소 불쾌하
지만 선임이다 보니 대부분 장난으로 받아들이고 웃어넘깁
니다. 이 중 일부 후임병은 문제를 제기하기도 합니다.

南 지사 아들의 경우, 평소 폭행도 있었고, 남성 간에 민감
한 행위를 하다 보니 피해자 입장에선 불쾌했을 것입니다. 南
모 상병을 두둔하는 것은 아니지만, 추행 같은 사건은 부대
에서 종종 벌어집니다. 南 모 상병에게 구속 영장이 청구됐
다는 기사를 보고, 軍당국이 과잉 대응을 하는 것 같았습니
다. 軍을 바라보는 여론도 좋지 않고, 사회 지도층의 아들이
니 보여주기 식으로 처벌하는 것 같다는 생각도 했습니다.

병사가 폭행 사건으로 구속될 정도면 그 수위가 심해야
합니다. 南 모 상병의 경우 구속될 정도로 폭력을 행사하진
않은 것 같습니다. 성추행의 경우도, 통상 저희 부대에서는
남성 간의 性관계, 즉 鷄姦(계간)이 성립했을 때 구속을 했습

114

니다. 단순한 성추행 정도로는 구속까지 하지 않습니다. 저희 부대였다면 南 모 상병은 일명 '滿倉(만창)'이라고 불리는 영창 15일 정도의 처분을 받았을 것입니다.

병사 열 명 중 세 명은 징계를 받는다고 합니다. 병사들의 징계 범위는 크게 네 가지가 있습니다. 가장 강도가 낮은 근신, 두 번째로 휴가제한, 세 번째로 영창, 네 번째로 구속 후 軍刑法(군형법) 적용입니다. 저희 부대에선 병사들이 사소한 사건·사고를 치면 '근신' 처분을 받았습니다. 진급을 한 달 늦게 한다는 것 빼곤 실제 불이익이 없었습니다.

'휴가 제한'은 자신의 정기 휴가 중 일부가 줄어드는 것입니다. 육군 병사의 경우, 군 생활 중 정기휴가를 세 차례 나갈 수 있습니다. 1차 정기휴가 10일, 2·3차 정기휴가 각각 9일, 총 28일입니다. 처벌로 '휴가제한 5일'을 받으면, 정기 휴가를 총 23일 나가는 것입니다.

영창은 처벌 강도가 더 강한 것으로, 처분받은 기간만큼 軍 헌병대에 구금됩니다. 영창을 다녀온 일수만큼 軍생활을 더 해야 합니다. 영창을 10일 다녀오면 군복무가 10일 늘어나는 것입니다. 이 때문에 영창에 갈 정도의 사고를 친 병사들은 '휴가제한'으로 징계 수위가 낮춰지길 바랍니다. 영창은 최대 15일까지 처분받습니다. 병사들은 '영창 15일' 처분을,

한 번에 갈 수 있는 영창 일수를 가득 채웠다고 해서 '滿倉
(만창)'이라고 부릅니다.

구속 후 군형법이 적용되는 사례는 사건이 매우 심각한 경
우입니다. 이때부터는 군형법에 근거해 유죄 선고를 받으면,
일명 '빨간줄'이 쳐지는 것입니다. 저도 영창이나 휴가제한을
받는 사례는 자주 봤습니다. 구속되는 경우는 드뭅니다만,
한 번은 저희 부대에서 선임이 여러 후임을 장기간 상습적으
로 폭행해 후임병의 온몸에 멍든 것이 발각돼, 선임병이 구속
됐습니다.

병사들의 징계는 피해자와 가해자가 작성한 진술서를 바
탕으로, 중대장(대위)급 이상의 지휘관이 징계위원회를 구성
한 후 이곳에서 징계의 수위를 결정합니다. 징계위에서 결정
된 내용을 바탕으로 사단 법무부에 징계 심사를 요청하면,
사단 법무참모부 소속 검찰 장교가 해당 부대가 병사에게 내
린 징계 수위가 적절한지 판단해줍니다.

징계 수위가 적절치 않으면 군 법무관인 징계교육 장교가
일종의 유권해석을 내려서 징계 強度(강도)를 제시해주는 식
입니다.

戰友組(전우조) 활동

戰友組(전우조) 활동이 있습니다. 통상 세 명의 병사가 한 組를 이뤄 움직이는 것입니다. 병사들은 훈련소에 입소하면 '전우조'라는 것을 처음 접합니다. 탈영이나 자살 등 사건·사고를 막기 위해 서로를 감시하고 보호하는 취지입니다. 세 명인 이유는 돌발 행동을 하는 병사를, 둘 중 한 명이 저지하고, 나머지 한 명은 보고해야 하기 때문이라고 배웠습니다. 화장실을 갈 때도, 밥을 먹을 때도, 씻을 때도, 전화할 때도 붙어 다녀야 합니다.

저도 新兵(신병)으로 자대 생활을 시작했을 때, 서열이 바로 위인 '맞선임'과 전우조 활동을 했습니다. 맞선임은 제가 화장실에서 볼 일을 보거나 전화를 하러 갈 때도 붙어 다녔습니다. 성가시기도 하고, 선임의 시간을 빼앗는 거 같아 미안했습니다. 화장실에 '큰일'을 보기 위해 들어갔는데, 선임은 문 앞에 서서 30초마다 말을 거니 볼 일을 제대로 볼 수가 없었습니다. 부대 생활에 어느 정도 적응하고 난 뒤부터는 전우조 활동을 하지 않았습니다. 신병들도 전우조 활동을 하지 않고 개별적으로 자유롭게 활동했습니다. 병사들은 전우조를 훈련소 때만 잠깐 하고 자대에서는 거의 하지 않습니다.

상급 부대에서는 일선 부대에 전우조 활동을 지시하지만, 일선 부대에서는 잘 지켜지지 않습니다. 저희 부대도 전우조 활동을 지시하는 公文(공문)이 붙어 있었지만, 실제로는 아무도 전우조를 하지 않았습니다. 상부에서 전우조 활동을 하라고 지시가 내려오니 전우조 명단만 게시판에 붙여 놓을 뿐이었습니다. 아무도 전우조 활동에 관심을 갖지 않았습니다. '관심 병사'는 전우조 활동을 더욱 철저히 해야 하는데도 지켜지지 않았습니다.

예하 부대에서 '관심 병사'가 자살을 했습니다. 닫혀 있어야 할 창고가 열려 있었는데, 이를 본 관심 병사가 계획을 세운 뒤 창고에서 자살한 것입니다. 이 병사는 전우조가 있었는데, 전우조를 구성한 나머지 두 명이 감시를 소홀히 했다고 합니다. 이 두 병사는 억울할 수 있습니다. 현실적으로 24시간 내내 붙어 다니며 감시하는 게 쉽지 않고, 자살하기로 마음먹은 병사한테 24시간 붙어 있다고 해서 이 병사가 자살하지 않는 것도 아니기 때문입니다.

모든 병사는 전우조 활동이라는 게 매우 귀찮습니다. 이동할 때마다 같이 움직여야 하기 때문입니다. '관심 병사'와 전우조를 하더라도, '재가 아무리 관심 병사지만 큰 사고라도 치겠냐'는 생각에 소극적으로 관찰하는 경우가 대부분입니다. 창고에서 자살한 병사의 경우는 극단적인 상황이라고 할 수 있습니다. 그만큼 '전우조'라는 것이 내무 생활에서 유명무실하고, 귀찮은 존재라는 것입니다.

가혹행위를 한 선임병을 잘 처벌하지 않는 이유는?

후임병이 선임병한테 당한 부조리를 간부에게 말하며 도움을 청해도 문제가 해결되지 않는 경우가 많습니다. 일부 간부는 '설마 선임병이 후임병을 죽이기라도 하겠느냐. 적당히 필요에 따라 하겠지'라는 생각을 합니다. 간부는 부대 전체를 생각해야 하기에 후임병이 선임병에게 부조리를 당하더라도 이 선임병이 부대 운영에 더 많은 도움이 된다면 선임병의 편을 들 수밖에 없습니다. 이러한 선임병의 특징은 간부의 말을 잘 듣고, 일도 잘한다는 점입니다. 다소 부조리는 있더라도, 이 선임병을 처벌하면 선임병의 복무 의욕이 저하될 수 있기 때문입니다. 간부들은 '적당히 넘어가겠지'라는 생각에 소극적으로 대처하거나 방관하는 것입니다.

저희 부대 수송 소대에서 있었던 일입니다. 문제의 선임병은 보직이 정비병이었습니다. 입대 전, '조직 생활'을 했다고 합니다. 온몸이 문신으로 도배됐고, 인상도 험악했습니다. 후임병을 때리고 돈을 여러 차례 빌린 뒤 갚지도 않았습니다. 여러 병사가 소원수리, '마음의 편지' 등으로 고충을 호소했지만, 이 병사는 처벌받지 않았습니다. 이 선임병이 간부들에게 싹싹했고, 일도 잘했기 때문입니다. 네 명뿐인 정비병 자리에 이 선임이 빠지면 부대 운영에도 문제가 생길 수 있기 때문입니다. 또 이 병사를 처벌하면, 軍紀(군기) 잡을 사람도 없어지니 간부 입장에서는 이 병사를 잘 활용한 셈입니다. 用兵術(용병술)이기도 한데, 밑에 있는 후임병들은 이 병사 때문에 힘들어 했습니다. 일선 부대에서는 상황이 이러한데, 사건·사고가 터지면 병사에게만 문제가 있다고 할 수는 없습니다. 병사를 관리할 간부의 책임이 큽니다.

女軍(여군)에 대한 불편한 진실

근래에 여군 열풍이 불었습니다. 몇몇 女大는 학군사관후보생(ROTC)을 운영하고 있습니다. 여군 부사관도 인기가 많습니다. 일전에 한 여학생이 '취업에 유리하고 안정적이라서 여성 ROTC를 하게 됐다'고 인터뷰한 기사를 봤습니다. 모 여대는 ROTC 방학 중 입영훈련에서 1등을 차지했다고 언론에 화제가 됐습니다. 주변 학군사관후보생에게 알아보니, "여군과 남군의 채점 방식이 달라 여성 ROTC가 유리해 1등을 했다"는 말을 들었습니다. 2년 연속 여대가 1등을 하자 軍당국은 학교별 순위를 발표하는 대신 등급제로 변경했습니다.

예비역들은 兵으로는 입대하지 않고 간부로만 입대하는 여군을 곱게 바라보지 않습니다. 군 내부에서도 여군을 바라보는 시선이 곱지 않습니다. 여군에 대해 논하는 것은 부대에서도 민감합니다. 남성 중심의 폐쇄된 문화에서 여군은 주목의 대상이기 때문입니다. 정치권과 여성계의 입김으로 여군의 비중은 점차 높아지지만, 대놓고 말하지 않을 뿐 불만이 많습니다. 당장 숙소, 화장실, 여군 휴게실부터 해서 性군기 문제까지 한둘이 아닙니다. 군에서는 성희롱, 성추행 등 性과 관련된 사고를 '性軍紀(성군기) 위반'이라고 통칭합니다. 이 때문에 여군이 속한 부대의 지휘관은 부담을 갖습니다.

최근 일부 여군들은 전방 GOP에도 투입돼 있습니다. 흔히 말하는 격오지(GOP, GP 등)에서 근무를 하면 높은 평점을 받아 長期(장기) 복무에 유리합니다. 여성들의 바람과는 달리 軍의 특수성이 우선돼야 한다고 생각합니다.

부대에 여군이 있으면 여러모로 불편합니다. 한여름에는 겨드랑이가 보이는 러닝셔츠 바람으로도 다니지도 못하고 매사에 행동을 조심해야 합니다. 여군 눈치를 봐야 하기 때문입니다. 여군의 기분이 나쁘면, 여군을 기분 나쁘게 만든 것도 병사들에겐 죄가 돼 처벌을 받습니다.

일선 부대에서는 여군을 부담스러워해

저희 사단에서 있었던 일입니다. 한 여군 소위가 사단 예하 S부대에서 첫 근무를 시작했습니다. S부대의 유일한 여군이었고, 이 부대는 여군을 위한 부대 시설도 부족했습니다. 이 여군은 주말이면 일명 '점프(위수 지역 이탈)'를 자주 해 간부들이 좋지 않게 봤다고 합니다. 위수 지역이란, 유사시를 대비해 장병들의 출타 허용 범위를 부대 인근으로 제한하는 것입니다.

이 사실을 알았던 S부대의 지휘관도 이 여군을 여러모로 부담스러워했습니다. S부대가 이 여군을 사단 사령부로 데려가 달라고 요청해 결국 사령부로 오게 됐습니다. 그나마 사령부는 여군을 위한 최소한의 환경이 조성돼 있기 때문입니다. 이 여군의 업무 능력을 주변 병사에게 물어보니, 실력이 부족하고 병사가 대신해주기를 바라는 게 심하다고 했습니다. 많은 여군들이 '여성이니 대우를 받아야 한다'는 의식이 많습니다. 힘들고 귀찮은 일은 병사들에게 떠넘기려고 합니다.

제가 복무할 당시 인접 사단에서 부관참모부 소속 女대위가 남성인 부관참모의 성추행 때문에 자살하는 사건이 벌어졌습니다. 저희 사단에서도 유사한 사례가 있었습니다. 모 부서의 참모가 회식자리에서 女장교에게 술을 따르라 하고, 업무와 관련해서도 많은 질책을 했습니다. 이 때문에 병사들은 女간부가 힘들어하며 우는 모습을 보았다고 합니다.

性군기 위반 사례로 예하 부대가 시끄러운 적도 있었습니다. 모 女하사는 性군기 위반 사건의 피해자였습니다. 부대 내 상관인 남성 부사관에게 원치 않는 신체 접촉을 당한 뒤, 피해자 보호 차원으로 사령부에 임시 전입을 왔습니다. 당시 이 여군은 사건이 발생한 뒤 한참이 지나서야 性군기 문제를 제기해 그 순수성에 의심을 품는 사람도 많았습니다.

이 하사가 사령부에 와서는 정작 '성군기 사고 유발 高위험자'가 됐습니다. 폭언을 하거나, 일하는 병사의 목을 양팔로 감싸거나, 몸을 만지는 등의 과도한 신체 접촉을 했기 때문입니다. 사단에서는 이 여군을 다른 곳으로 보내고 싶어 했고, 군단 예하의 모 부대로 전출을 갔습니다.

사단 사령부에는 예하 부대를 지휘하고 상급 부대의 지시를 받는 지휘통제실이 있습니다. 지휘통제실 당직 근무라는 것이 있는데, 여기에 간부를 보조하기 위해 병사도 투입됩니다. 병사들이 기피하는 1순위가 모 여군 대위였습니다. 그는 군인 부부였는데, 당직 근무를 설 때면 자신의 남편이 근무하는 부대에 전화해 수다 떨기 바빴다고 합니다. 이 때문에 업무는 옆에 있는 병사에게 떠넘겼다고 합니다. 병사들은 밤을 새워 근무를 마치고, 아침에 잠을 자러 내려올 때면 이 여군 욕을 많이 했습니다.

여군이 행정 업무를 더 잘 처리하는 것도 아니었습니다. 이들도 병사가 없으면 일 처리를 능숙하게 못 했습니다. 제가 軍생활을 하면서 느낀 점은, 부대의 효율적 운영을 위해 여군의 근무지를 제한해야 한다는 것이었습니다. 미군은 여성의 전투병과 진출을 허용했지만, 일선 부대의 현실과 여군 운용에 대한 저의 생각은 부정적입니다. 여론에 휩쓸려 제도만 급진적으로 도입했을 뿐, 여군 운용을 위한 기반은 마련돼 있지 않기 때문입니다.

간호 병과처럼 性차이로 인해 특화된 병과나 중앙의 행정 부서에 여군이 진출하는 것은 효율적이지만, 일선 부대에까지 진출하는 것은 시기상조라고 생각합니다. 최근에는 여성

軍宗(군종)장교가 배출됐습니다. 중위로 임관한 비구니 이야기입니다. 일선 병영 생활과는 동떨어진 이야기라고 생각합니다.

여군 입대 사유로 '애국심'을 내세우지만, 일부는 사명감이 부족했습니다. 힘든 일은 하지 않고 떠넘기려고 했습니다. 이들은 軍복무를 안정된 직장, 일종의 공무원쯤으로 여기는 것 같았습니다.

사고는 병사들만 치나?

흔히들 사건·사고를 일으키는 것은 '병사'라고 생각합니다. 병사는 간부보다 처벌하는 게 쉽습니다. '성실·복종의 의무' 위반이라는 명목으로 중대장급(대위) 간부가 사소한 것으로도 처벌할 수 있기 때문입니다. 병사 열 명 中 세 명은 처벌받는다는 통계가 있다고 합니다. 간부가 사건·사고에 휘말리는 경우도 많이 보았습니다. 제가 복무하면서 경험한 몇몇 사례입니다.

사관학교를 나온 모 대위는 의무복무 기간을 채워야만 제대할 수 있었습니다. 軍복무를 그만두고 싶은 그가 택한 방법은 '현역복무부적합심사'였습니다. 이 장교는 일도 안 하고, 부대에 자신의 여자 친구를 데려와 업무 시간에 차 안에서 이야기하며 怠業(태업)을 했습니다. 얼마 뒤 '현역복무부적합 심사'로 제대를 했습니다.

군종 장교 모 중위는, 연대장 운전병을 밀친 뒤 연대장 차를 빼앗아 타고 탈영을 하다 잡혔습니다. 그러면서 연대장에게 '마귀가 씌었다'는 식으로 말했답니다. 교회를 다닌 연대장이 조용히 넘어가자고 해서 크게 문제가 되지는 않았습니다. 사고를 친 뒤 軍 병원 정신병동에도 입원했었는데, 결국 현역복무부적합심사를 통해 제대했습니다.

전방 GP에서 하사가 총기 자살을 했습니다. 그는 兵으로 군복무를 마친 뒤 부사관으로 다시 입대한 이였습니다. 유흥업소에서 빚을 진 게 자살 원인이라고 합니다. 전방에는 유흥업소가 곳곳에 있어 유혹의 대상이 됩니다.

인접 사단 부사관들이 저희 사단 병사 한 명을 집단 폭행한 사건도 있습니다. 이 병사는 시내에 출타를 했는데, 술이 약간 취한 상태로 인접 사단 女軍 하사와 어깨가 부딪혔습니다. 이 병장은 女하사에게 사과를 했지만, 女간부는 마음에 내키지 않았나 봅니다. 女하사와 일행인 男軍 상사와 중사가 이 병사를 집단 폭행했습니다. 이 폭행 영상을 본 병사는 "옆어져 쓰러져 있는데도 일으켜 세워서 때렸다"고 했습니다. 이 병장은 광대뼈가 함몰됐고, 합의금은 500만 원밖에 받지 못했답니다.

부사관 업무를 보는 한 병사는 간부들이 가장 많이 처벌받는 죄목이 음주운전이라고 했습니다. 한 번은 공병대 소속 부사관이 음주운전 상태로 기무부대 담벼락을 받은 적이 있습니다. 조수석에 누군가 탄 흔적이 있었는데, 운전자밖에 발견되지 않았다고 합니다.

사단에서 全간부에게 禁酒令(금주령)을 내렸을 때 일입니다. 한 번은 술에 취한 대위 한 명이 사령부 후문 경계를 서는 병사들의 지시에 따르지 않고 행패를 부렸습니다. 부대에서 당직사령을 맡고 있던 모 대위가 좋게 넘어가자 하고, 병사들에게 입단속을 시켜 문제는 되지 않았습니다. 금주 지시를 내려도, 버젓이 술을 마시는 간부들을 많이 보았습니다.

초과근무수당

간부들은 야근하면 야근 수당인 초과근무수당을 받습니다. 일부 간부들은 야근하지도 않고 초과근무수당을 받아갑니다. 이 수당을 받는 절차도 쉽습니다. 야근을 시작하고 종료할 때 마우스만 몇 번 클릭하면 되기 때문에 병사들에게 '몇 시에 시작하고, 몇 시에 종료시켜라'고 지시한 후 간부는 퇴근을 해버립니다. 대위급 간부의 야근 수당이 시간당 만 원 정도 한다고 들었습니다.

사격 훈련은 彈(탄)을 소비해야 할 때만

수준유지 사격이라고 있습니다. 병사들의 사격 실력을 유지·향상하기 위한 훈련입니다. 저희 사단은 전방 부대여서 탄을 많이 받았는데 정기적으로 사격을 하기보다는 몰아서 사격할 때가 많았습니다. 교육훈련 업무를 본 한 병사는 사격 훈련이 彈(탄)을 소비해야 할 때만 주로 이뤄진다고 했습니다. 在庫(재고) 탄약을 처리하기 위해서라고 합니다.

가령 올해는 10만 발을 지급받았는데, 5만 발만 사용하면 다음 해에는 5만 발밖에 받지 못 한다고 합니다. 이 때문에 정기적으로 사격 훈련을 하는 것이 아니라, 탄을 소비해야 할 때 몰아서 사격하는 것입니다. 전투형 군대라고 말하면서 사격은 제대로 안 하고 있습니다.

사격 훈련도 안전사고 예방에만 초점이 맞춰져 있습니다. 땅에 박힌 쇠막대기에, 총구 아래 달린 안전 고리를 걸고 나서 사격을 합니다. 총구를 돌려 사람에게 쏘는 것을 막기 위해서 입니다. 또 '엎드려쏴'라는 한 가지 자세로만 사격합니다. 군에 다녀온 사람들은 효율성이 떨어지는 훈련 방식이라고 합니다. 戰時(전시)에는 敵이 어디서 어떻게 나타날지 모르기 때문입니다.

비밀문서 작업을 병사에게 시켜

부대의 비밀문서(秘文, 비문)는 관리 책임자가 정해져 있습니다. 그 비문을 열람하려면 관리자에게 인가를 받아야 합니다. 비문이 가장 많았던 부서에 근무한 동기는 간부 대신 비밀문서 처리 업무를 했다고 합니다. 원칙상 해당 간부가 처리하는 것이 옳지만, 간부가 병사에게 일을 떠넘긴 것입니다. 비문을 철저히 관리하지 못해 비문이 사라진지도 모르는 경우도 있다고 합니다.

한 번은 비문 작업을 간부가 직접 하지 않고 병사를 시켰다가 문제가 된 적도 있습니다. 모 소령이 비밀문서 작업을 직접 하지 않고, 병사에게 시켰다가 기무부대 보안점검 때 적발된 것입니다. 이 비문 작업은 담당자의 컴퓨터에서만 해야 하는데, 병사가 간부를 대신해 업무를 하다 보니 다른 컴퓨터에서 비문 작업을 한 것입니다. 해당 간부는 '병사가 비문 작업을 대신했다'고 하면 문제가 더 커지니, 자신이 하지 않았음에도 '다른 컴퓨터에서 했다'고 말하고 일을 끝냈습니다. 기무부대는 정기적으로 보안점검을 나와 기밀·비밀문서가 어떻게 관리되는지 점검합니다.

간부들은 보안일일결산이라는 것을 매일 해야 합니다. 퇴근하기 전 보안 문서를 방치했는지 확인하고, 보안 규정에 맞도록 업무를 끝냈는지 확인하는 작업입니다. 이 결산은 해당 간부가 사단 홈페이지에 있는 게시판을 통해 직접 해야 합니다. 매일 홈페이지에 접속해 결산하는 것이 귀찮은 많은 간부들이, 병사에게 결산을 대신시키는 경우가 많습니다. 보안 일일결산이 제대로 지켜지지 않는 것입니다. 또 보안일일결산을 하더라도 모범 답안만 클릭하고 끝내버리는 경우가 대부분입니다.

6

'무장 탈영' 대신
'행군 낙오자'

무조건 이기는 한국군

軍에서는 워게임(War Game)이라는 컴퓨터 시뮬레이션으로 敵(적)과 가상 전투를 펼칩니다. 군에서 사용되는 프로그램 중 '창조21'이라는 프로그램이 있습니다. 사단 지휘통제실에 근무하는 병사에게 워게임을 하면 누가 이기는지 물으니 한국군이 항상 이긴다고 했습니다. 어떻게 한국군이 이기냐고 물으니, 그는 "계획한 시나리오대로 해서 이긴다"고 말했습니다. 이어 "敵이 기습할 것이라고 想定(상정)하지 않고, 우리는 준비가 다 된 상태에서 계획대로 적과 교전함에도, 후방까지 밀리다가 겨우 이기는 걸로 나온다"고 했습니다. 그는 우리가 이기는 이유 중에 하나로, 워게임 프로그램에 북괴군의 공군 전력은 포함돼 있지 않다고 말했습니다. 적의 공군 전력은 배제하고 전투를 치뤄 얻은 결과라는 것입니다.

軍전투지휘검열 기간 중 북괴군과의 전면전을 가상한 워게임을 할 때였습니다. 우리 사단 포병 부대에서는 敵이 있을 것으로 파악한 곳에 열심히 포격을 가했지만, 생각만큼 타격을 주지 않았다고 합니다. 敵 탱크의 남하를 막기 위해 살포식 지뢰(FASCAM)를 매설했지만, 제대로 맞지 않았습니다.

알고 보니 사단이 보유한 좌표와 검열 때 사용한 시뮬레이션 좌표가 달랐기 때문입니다.

물자를 종이 카드로 대체

상급 부대인 군단이 예하 부대인 사단의 전투 수행 능력을 평가하기 위해 치르는 검열이 군전투지휘검열(군지검, 軍指檢)입니다. 검열기간 중에는 국지도발, 전면전 등과 같은 상황이 주어지고, 사단은 이에 실제 대응하는 것을 평가받습니다. 실제 전투라는 가정하에 모든 병력이 움직이고, 물자도 실제 분배합니다. 저희 부대는 병력이 얼마 안 된다는 이유로 실제 물자를 나르거나 보급하지 않고 종이 카드로 대체했습니다. 실탄을 210발씩 나눠줘야 함에도 종이 카드로 대신한 것입니다. 전투 식량도 종이로 대신했습니다. 훈련이 끝난 뒤 종이를 다시 걷지도 않았습니다. 당시에는 훈련을 쉽게 받아 편했지만, 지나고 보니 이게 무슨 실제 상황을 대비한 훈련인가라고 생각했습니다. 훈련을 주관하는 부서에 있던 한 병사는 말도 안 되는 '가라' 훈련이라고 말했습니다.

보고서만 그럴싸하게

　전방 예하 부대는 사령부에 실시간으로 여러 정보를 보고해야 합니다. 정보를 융합하는 부서에 있던 병사들은 예하 부대에서 보내주는 정보들이 엉터리라고 말합니다. 전방 어느 지역에서 보내준 온도나 습도가 실제로 측정한 것이라고 볼 수 없는 수치들이 보고되기 때문입니다. 다른 부서에 근무한 병사들도, 예하 부대가 상급 부대로 보고서를 보내지만 내용이 확실한지는 작성자인 예하 부대밖에 모른다고 했습니다. 쉽게 말해 속칭 '가라'로 보고를 해도 상급 부대에서는 확인할 방법이 없다는 것입니다. 이 때문에 병사들은 보고서의 내용보다는 보고서 그 자체가 중요하다고 말합니다. 내용은 자세히 읽지도 않고, 보고서만 받으면 끝이라는 것입니다.

　사무실에서 혼자 업무를 볼 때였습니다. 사단장 비서실에서 전속부관이 저희 사무실로 전화해 보고서를 하나 써 올리라고 지시했습니다. 저는 간부가 없는데 병사가 써도 되느냐고 물었습니다. 전속부관은 형식만 맞춰서 빨리 올리라고 했습니다. 사단장이 보는 것이니 신경을 써가며 자료를 만들고 있었습니다. 부관은 중간 중간에 전화해 보고서 진척 상태를 물어봤습니다. 그리곤 제게 내용은 중요하지 않으니 형식만 맞춰서 그럴싸하게 만들어서 올리라고 했습니다.

'무장 탈영'이라는 표현 대신 행군 낙오자

軍의 특성상 내부에서 벌어지는 사건·사고가 외부로 잘 드러나지 않는 경우가 많습니다. 사고가 터지면 일단 덮고 보려는 행동 때문입니다. 여기에는 꼬리 자르기, 책임 회피, 허위 보고가 동반되는 경우가 많습니다. 우리 軍의 고질적 병폐입니다. 사단 주요 부서에서 근무한 병사는 "평소 정훈공보부의 일은, 부대에서 사고가 터지면 이 내용이 사회로 나오지 않도록 은폐하는 것이다"고 말했습니다. 각 언론사는 군부대에 인맥을 심어 놓고, 사건·사고가 터지면 미리 제보를 받는다고 합니다. 언론사가 제보를 받고, 軍에 문의하면 그때야 정훈부가 뒷수습한다고 했습니다.

한 번은 예하 부대에서 한 병사가 맹장염을 앓고 있었습니다. 이 병사가 빠지면 업무에 지장이 생기니, 담당 간부는 참고 일을 하라고 했습니다. 결국 복막염으로까지 번졌습니다. 이 병사의 부모님이 언론에 내용을 알리고, 부대 앞에서 시위를 하겠다고 하자 부대에는 비상이 걸렸습니다. 지휘부(사단장, 부사단장, 참모장)의 행정병과 사단 주요 부서의 행정병들이 밤늦게 올라가는 모습을 봤습니다.

인접 사단에서 일어난 일입니다. 行軍(행군) 중 한 병사가 무장 탈영을 했습니다. 이 소식이 옆에 있는 저희 사단에도 공유됐습니다. 정작 표현은 '무장 탈영' 대신 '행군 낙오자'라는 용어를 사용했습니다. 부대에서 무장 탈영이라는 용어를 사용하지 말고 행군 낙오자라는 표현을 사용하라고 지시받았기 때문입니다. 언론에 알려져도 무장 탈영보다는 행군 낙오자라는 용어가 주는 파급력이 적기 때문입니다.

출신별로 보는 장교

육군은 장교를 양성하는 과정이 육군사관학교(陸士)와 육군3사관학교(3士), 學軍(학군)장교(ROTC), 학사장교, 간부사관이 있습니다. 간부사관은 대학 2년 수료 이상인 병사 또는 부사관이 장교가 되는 과정입니다. 의무병과, 법무병과, 군종병과 등 특수 병과 장교에 해당하는 특수사관도 있습니다.

육사는 1년에 약 200여 명, 3사는 약 450여 명, 학군은 약

4000여 명, 학사는 약 600여 명, 간부사관은 약 100여 명 정도의 장교를 배출합니다. 양성 과정마다 배출되는 장교의 수는 상황에 따라 달라지기도 합니다.

초급 장교의 많은 수를 學軍 장교가 차지합니다. 이 때문에 전방 부대에 가면 소대장과 같은 초급 간부에 학군 출신이 많습니다. 통계를 보면 약 70%에 이른다고 합니다. 이들은 의무 복무를 끝낸 뒤에는 많은 수가 사회로 돌아갑니다. 학사 장교도 이와 비슷합니다.

사단 주요 직위자에는 육사 출신이 많았지만, 신임 장교 중 육사 출신은 손에 꼽을 정도였습니다. 육사에서 한 해 배출하는 신임 장교가 약 200여 명이다 보니 이들이 전방 사단에 골고루 나뉘고 나면 육사 출신 소위의 수는 사단마다 얼마 되지 않기 때문입니다. 저희 사단에는 다섯 명이 왔는데, 이 정도면 많이 온 거라고 했습니다.

제가 경험한 육사 출신 장교들은 우수했습니다. 가장 먼저 출근하고, 가장 늦게 퇴근했습니다. 업무 능력도 모두 평균 이상이었습니다. 군인을 평생의 業(업)으로 삼은 이들이라 그런지 달라 보였습니다. 육사를 나왔다는 자부심에, 자신감이 넘쳐 보였습니다. 육사는 그 해에 가장 먼저 장교 임관을 해 가장 앞선 군번을 받습니다. 육사 출신 장교의 군번은 곧 육사 성적이기도 합니다. 2008년도에 육사를 수석 졸업한 이의 군번은 08-10001이고, 20등으로 졸업하면 08-10020입니다. 육사 졸업 성적이 평생을 꼬리표처럼 따라가는 것입니다. 사령부에는 군번의 끝자리가 한 자릿수인 장교가 두 명 있었습니다.

3사 출신들은 편차가 컸습니다. 자질이 좋았던 장교도 있었고 그렇지 못한 이들도 많았습니다. 병사들에게 3사가 더 좋은 평가를 받을 수 있음에도, 자질이 부족한 일부 3사 출신들 때문에 저평가를 받았습니다. 저희 사령부에는 소령급 3사 출신 장교가 3사 후배인 중~대위급 장교들의 軍紀(군기)를 잡곤 했었습니다. 부대 내에서 3사의 위상은 ROTC보다 조금 앞섰습니다.

학군 장교는 주로 의무 복무 기간을 채운 뒤 제대를 많이 하지만, 이 중 장기 복무를 신청해 계속 軍에 남아 있기도 합니다. 사령부에서도 학군 출신이 몇 명 있었는데, 이들은 튀지 않고 조용하다는 느낌을 받았습니다. 제가 속한 부대의 지휘관과 소대장도 학군 출신이었는데 무난한 편이었습니다.

학사 장교는 제가 처음 자대 전입해 왔을 때 만났던 소대장이 있습니다. 사령부에서도 학사 장교들을 봤는데, 군 내부의 위상은 학군 장교 다음으로 보곤 합니다. 그 뒤로 간부사관이 있는데, 간부사관은 그 수도 작아서 두드러지는 위상은 없습니다.

공군 병사로 다녀온 知人(지인)도 공군사관학교(空士) 출신과 사관후보생(士候) 출신은 다르다고 말했습니다. 士候는 장교로 복무하는 제도입니다. 대부분이 의무 복무를 채운 뒤 제대를 합니다. 그는 "공사 출신들은 애초에 군인을 하기 위해 들어왔고, 士候는 병역을 이행하기 위해 들어왔기 때문에 가치관과 병사를 대하는 태도가 다르다"고 했습니다. 그의 표현을 좀 빌리자면, 공사 출신은 리더십이 있어 병사와의 관계를 아버지와 아들, 형과 동생 사이처럼 잘 맺지만, 士候 출신들은 병사들을 함부로 대하는 면이 있다고 했습니다. 그러면서 戰時가 되면 리더십의 차이가 극명하게 드러날 것이라고 말했습니다.

출신별로 선후배가 끌어준다고들 말합니다. 경험해보니 어느 정도 맞는 이야기입니다. 저는 두 분의 사단장을 모셨는데, 한 분은 3사 출신이었습니다. 전속부관도 3사 출신을 기용했습니다. 전속부관은 일종의 수행비서로 특별한 일이 없다면 24시간 1년 내내 붙어있다고 보면 됩니다. 모든 장교가 할 수 있는 게 아니고, 장성급의 선택을 받은 장교들만 할 수 있습니다. 이 때문에 엘리트 코스라고 불리기도 합니다. 사단장의 전속 부관일 경우 중위, 3성 장군은 대위, 4성 장군일 경우 소령이 맡기도 합니다. 3사 출신 사단장 이후 육사 출신 사단장이 왔는데, 이 분은 3사 출신 전속부관이 다른 보직으로 나갈 때까지 밑에 두었습니다. 이후 보직 교환 시기가 되자 전속부관을 육사 출신 중위로 바꿨습니다. 육사 출신 사단장이 3사 출신 전속부관을 바꾸지 않고 데리고 있자, 모 소령은 "(3사 출신) 전속부관이 사단장의 마음을 알까"라고 했습니다.

최근에는 사단장급 이하의 將星(장성)은 전속부관이 장교에서 부사관으로 바뀌었다고 합니다. 저희 사단에서는 중사 진급이 확정된 모 하사가 전속부관을 맡고 있습니다.

인사처에는 장교의 보직·임명 업무를 맡는 요직이 있습니다. 계급은 대위입니다. 사단에서 이뤄지는 대령 이하의 인사 실무를 담당하는 자리입니다. 이 자리에 있던 3사 출신 대위가 전출을 앞두고, 후임에 3사 출신을 추천했지만, 예하 부대에서 육사 출신을 끌어다 임명했습니다.

한 번은 예하 부대에서 병사가 자살했습니다. 사단 징계 위원회가 열리고, 지휘·감독 부실을 이유로 학사 출신 중대장에게 감봉 처분을 내렸습니다. 이 중대장은 '밤늦게까지 일하며 숙소에도 잘 들어가지 않고, 병사들을 관리 감독했다'면서 소명을 했다고 합니다. 이에 징계에 참여했던 3사 출신 모 중령은 '병사들과 계속 붙어있었으면, 병사들이 얼마나 불편해했겠냐. 그게 사고를 더 유발한 것 아니냐'면서 오히려 이 중대장에게 면박을 줬다고 했습니다. 징계위원회에 참석하고 저희 사무실로 온 이 중대장은 상심한 표정이었습니다. 마침 소식을 들은 학사 출신 중령이 사무실로 들어와선 "나도 학사 출신이라서 고생 많이 했다"면서 이 중대장을 격려했습니다.

진급

저희 사령부에는 소령 진급 심사 대상자가 육사·3사 각각 세 명, 학사 한 명, 총 일곱 명이 있었습니다. 이 중 세 명만 1차로 소령에 진급을 했는데, 육사 두 명과 3사 한 명이었습니다. 3사 출신으로 소령에 진급한 모 대위의 경우, 교환 보직이라는 일종의 가산점을 받아 진급에 유리하게 작용했다고 합니다.

육사 출신 중 유일하게 소령 진급을 하지 못한 모 대위는 징계 기록이 있었다고 합니다. 육사 출신은 거의 대위에서 1

차 시기 때 소령으로 진급합니다. 진급 심사는 육군 본부에서 실시하며, 결과는 해당 계급으로 진급하기 한 해 전에 발표합니다. 진급이 예정된 연도부터는 진급한 계급장을 달기 전까지 진급할 계급 뒤에 '(진)'이라고 표현합니다. 진급 예정자라는 뜻입니다. 이번에 소령으로 진급한 대위들은 2015년 1월 1일부터 소령(진)으로 계급을 표시하고, 2015년 7월이면 소령이 되는 것입니다.

소령으로 무난하게 진급할 것으로 생각한 3사 출신 대위가 떨어진 것을 듣고 의아했습니다. 이 장교는 해외 파병도 다녀오고, 일도 잘해 평판이 좋았습니다. 사단의 자랑이었고, 사단장도 이 대위가 소령 진급을 할 것이라고 예상했습니다. 알고 보니 중대장 시절의 평점이 좋지 않아서 불리하게 작용했다고 합니다.

소령 진급은 중대장(대위)이 된 후 5년간의 평점을 종합해 심사합니다. 당시 이 대위가 중대장을 너무 일찍 맡는 바람에, 다른 중대장에 비해 좋은 평점을 받지 못했다고 합니다. 평점은 지휘관이 작성하는데, 우수·보통·열등으로 반드시 일정 비율을 나눠 매기는 상대 평가 방식입니다. 이 때문에 중대장 중 서열이 낮은 바람에 열등을 받았다고 합니다. 다소 억울한 면이 있다고 합니다. 10명이 모두 똑같이 잘 해도,

몇몇은 우수, 몇몇은 보통, 나머지는 열등을 받아야만 합니다.

이날 진급하지 못한 대위가 있는 사무실은 분위기가 좋지 않았다고 합니다. 진급에 떨어진 장교들은 일찍 퇴근했다고 합니다. 소령 진급을 한 간부가 있는 사무실은 여기저기서 진급 축하 전화가 왔고, 케이크도 사와 축하를 하곤 했답니다.

장교는 한 계급을 일정 기간 복무하면 진급 심사에 들어갑니다. 이 진급 심사를 한 해에 한 번씩 받습니다. 통상 세 번째 시기에까지 진급을 하지 못 하면, 진급이 힘들다고들 표현합니다. 종종 3차 시기 이후에도 진급하는 경우가 있지만 드뭅니다. 예하 부대에서 3사 출신 대위가 4차에 소령 진급을 했다고 합니다. 한 계급에서 일정 기간 진급을 못한 장교는 轉役(전역)해야 합니다.

20년 이상 복무할 경우 군인 연금을 받습니다. 장교의 경우 소령으로 계급 정년을 다 채울 때까지 복무하면 군인 연금을 받을 수 있습니다. 이 때문에 대위로 전역했다가 부사관으로 다시 입대하는 이들도 있습니다.

병사들은 사소한 관심과 말 한 마디에 영향받아

제가 속한 부대는 사단의 직할부대인 본부근무대입니다. 소속된 병사의 수는 많았지만, 간부는 적었습니다. 사단 사령부여서 부대 편제가 일반 부대와는 달랐기 때문입니다. 병사들은 본부근무대 소속으로, 사단 사령부의 행정 부서에서 행정병이나 운전병, 군악대로 근무합니다.

저희 부대의 간부들에 대해 좋은 기억이 있습니다. 이들의 도움으로 건강하지 못한 제가 무사히 軍생활을 마칠 수 있었기 때문입니다. 한 상사가 저녁 점호 때 병력을 모아 놓고 이런 말을 했습니다.

"우리가 할 일은 너희들이 다치지 않고 무사히 제대할 수 있도록 보살피는 것이다."

간부들의 사소한 관심과 말 한 마디가 병사들에게 큰 영향을 끼칩니다. 말 한 마디가 사람을 바꾸기 때문입니다. '우리가 할 일은 敵(적)과 싸워 이기는 것이다'라는 교과서에 나오는 진부한 표현으로는 병사들을 변화시킬 수 없을 것입니다. 그렇다고 적이 쳐들어오면 손 놓고 있을 병사들도 아닙니다. '부모의 심정'이라는 표현이 있습니다. 간부들이 부모의 심정으로 병사들을 보살펴야 합니다.

육사 출신 모 중령은 사단 주요 부서의 참모입니다. 그는 병사들에게 관심을 많이 가졌습니다. 부서의 간부들에게 '병사들 회식 시켜주라'고 지시하고, 병사를 챙겨주려는 모습을 자주 보였습니다. 그리고 항상 웃는 얼굴이었습니다.

한 번은 명절을 앞두고 이 중령이 자신의 부서 병사들에게 샴푸와 바디 워시가 담긴 선물 세트를 나눠줬습니다. 이를 본 다른 부서의 병사들이 모두 부러워했습니다. 이 부서의 병사들만 명절 선물을 받았습니다. 병사들은 사소한 관심과 격려를 받는 樂(낙)으로 군생활의 고단함을 버텨내곤 합니다. 필요할 땐 불러다가 야근을 밥 먹듯이 시키던 다른 부서의 간부들은 명절이 되자 말 한마디 없었고, 명절 연휴 때도 병사들을 불러 올려 일을 시켰습니다.

간부가 너무 쉽게 된다

최근 軍 관련 사건·사고가 터진 뒤, 예비역들이나 현재 복무 중인 병사들을 만나 이야기를 나눴습니다. 대화 주제도 군대 이야기로 흘렀습니다. 軍당국에서 발표하는 내용과 대책에 대해 어떻게 생각하는지 물어봤습니다. 그들의 생각도 저와 비슷했습니다. 이들은 "간부부터 변해야 한다"고들 이야 기했습니다.

사단 요직에서 행정병으로 근무한 제 동기는 "간부들의 책임감이 많이 떨어진다. 진급에만 관심이 있고, 사건·사고가 터지면 덮기 바쁘다"고 말했습니다. 또 "軍 간부가 너무 쉽게 된다. 머릿수 채우려고 뽑으니, 경쟁도 없고 발전도 없다"고 했습니다. 사관학교 출신을 제외한 일부 간부들은 병사보다 업무 능력이 떨어지는 경우가 많습니다. 군인에 대한 처우가 열악해 우수한 인력이 직업 군인으로 입대하지 않는 것입니다.

장교의 경우 계급 연한이 있어 한 계급에서 일정 기간 내에 진급하지 못할 경우 제대를 해야 합니다. 이와 달리 부사관은 장기 복무 심사를 통과하면 정년이 보장됩니다. 장기 심사만 넘기면 마음 놓고 편하게 군생활을 하는 셈입니다. 일종의 무사안일한 공무원이 돼버린 것입니다. 정년이 보장되고, 경쟁할 필요도 없기 때문입니다. 이들은 20년을 채우면 연금을 받습니다.

제대한 병사들,
"軍당국이 내놓은 대책은 여론무마용"

제대한 병사들은 軍당국이 내놓은 대책에 대해서도 "합리적 차원에서 문제 해결을 시도하는 것이 아니라 여론에 밀려 뒷북으로 문제를 수습하니, 부작용은 생각할 겨를도 없는 것 같다. 정작 본질적인 해결 방안은 하나도 제시되지 않는다"고 말했습니다. 이들은 "부대에서 어떻게든 사고만 안 나면 되기 때문에 軍紀가 어떻게 되든 상관없다고 생각하는 것 같다. 이름도 모르는 애가 자살하고 다치면 인사상의 불이익을 받으니 사건·사고만 안 터지면 된다는 생각을 하고 있다"고 말했습니다. 그러면서 "병사를 실제 관리하는 간부에게 강한 권한을 주고, 문제가 생겼을 경우 이 간부들을 강하게 처벌해야 한다"고 말했습니다.

한 친구는 가치관을 바꾸기는 쉽지 않으니, 제도부터 현실적으로 개선해 가치관의 변화를 유도해야 한다고 했습니다. 지금 軍당국이 내놓은 대책으로는 문제를 해결할 수 없다고 지적합니다. 복무 중인 한 병사도 휴대전화 반입 문제를 공식화한다는 것 자체가 우스운 것이라고 했습니다.

윤 일병 사건 이후 일선 부대에서는

최근 제대한 知人(지인)과 군대 이야기를 나눴습니다. 그는 자신의 친구 이야기라면서, "(윤 일병) 사건 터지고 나서부터 병사들끼리 경례도 안 하고 관등성명을 대는 것도 없어졌다"고 말했습니다. 제가 있던 부대에 새로 온 부대장은 신병이 들어오면 洗足式(세족식)을 해준다고 합니다. 선임과 후임 사이에 문제가 일어나면 후임의 말을 절대적으로 들어준다고 했습니다.

제가 복무한 부대에서는 현재의 '소대 단위'의 계급별(동기) 생활관에서 '대대 단위'의 월별 생활관으로 전환했다고 합니다. 통상 병사들은 선후임 관계를 '중대 단위'로 '月(월)'에 따라 맺습니다. 10월 1일에 입대한 A와 10월 30일에 입대한 B는 동기이지만, 11월 1일 날 입대한 C는, A·B에게 후임인 셈(A=B)C)입니다. 현재의 계급별(동기) 생활관에서도 선후임 관계를 맺을 수 있기 때문에 군에서는 월별로 생활관을 추진하는 것 같습니다. 해당 부대의 간부들도 문제점을 지적했지만, 상부의 지시라면서 추진했다고 합니다.

이에 대해 병사들도 부정적인 반응을 보입니다. 저희 부대는 본부근무대로, 소대마다 특성이 있는 부대입니다. 사령부 행정 업무를 보는 참모 소대, 경계를 맡는 경비 소대, 수송을 맡는 수송 소대, 군악 업무를 맡는 군악대와 같이 소대마다 다른 임무가 있음에도, 사건·사고를 막겠다고 내무반을 통폐합하는 것입니다. 축구 선수와 야구 선수, 농구 선수가 한 데 엉켜 생활한다고 생각해보십시오.

일과 시간 이후에는 병사들의 자유를 보장하겠다는 취지로 이를 추진하겠다고 말하지만 군대는 사회처럼 오후 6시가 되면 모든 업무가 끝내는 게 아닙니다. 간부들이야 6시에 퇴근하지만, 병사들은 퇴근의 개념이 없습니다. 24시간 부대에서 지시를 받으며 생활하는 이들입니다. 선후임 관계가 사라지면, 유사시 누구의 말을 듣겠습니까.

앞으로 동기 소대·분대로 전환되면 우리 군은 그때부터 '아저씨' 군대가 될 것입니다. '중대'만 다르면 아저씨가 되는 오늘날의 군대에서, '대대 단위'로 월별로 생활하게 되니 선후임과 군생활하는 것이 아니라 아저씨와 군생활을 하는 것입니다. 예비군 훈련장 분위기가 연상됩니다.

종로구의 한 중학교에서 2·3학년 학생이 1학년 학생을 집단 폭행해 사망케 했다고 합시다. 교육부가 사건·사고를 막겠다고 종로구에 있는 모든 중학교를 학년별 중학교로 만들어,

A중학교에는 1학년만 받고, B중학교에는 2학년만 받는다고 하면 얼마나 웃기겠습니까? 지금 군당국의 대처가 이와 같습니다.

김요환 육군참모총장이 8월 26일 306보충대를 방문해 "시험 운영 중인 동기생 분·소대가 상당히 효과가 있어 육군 전체로 확대 시행할 계획"이라며 "입대 동기끼리 분대나 소대를 만들어 근무해 상하관계가 아닌 수평관계의 군 생활이 될 수 있도록 하겠다"고 발표했습니다. 육군은 논란이 확산되자 다음날인 27일에는 "앞으로 추가 시험을 거쳐 적용 여부를 결정할 계획"이라며 "육군 전체로 확대한다는 것은 아니다"고 발을 뺐습니다.

군을 좀 아는 사람들은 하나같이 이에 반대합니다. 동기생들로만 구성된다고 따돌림·가혹행위 등이 발생하지 않는다는 보장이 없고, 유사시 지휘체계가 불분명해지기 때문입니다. 일선 부대의 병사들도 부정적입니다.

1:29:300, 하인리히 법칙과 부대 운영

하인리히 법칙(Heinrich's Law)이라고 있습니다. 보험회사

직원인 하인리히가 산업 현장에서 재해 발생 비율을 조사해 얻어낸 법칙입니다. 중상자가 1명 나오면 그 전에 같은 원인으로 발생한 경상자가 29명, 같은 원인으로 다쳤을 잠재적 부상자가 300명 있었다는 것입니다.

군에서 발생하는 사건·사고도 마찬가지입니다. 대형 사고가 나기 전에는 반드시 그 징조가 되는 가벼운, 사소한 사고가 일어납니다. 사소한 사건·사고를 최소화해야만 대형 사고로의 발전을 막을 수 있습니다. 이 사소한 사건·사고는 간부의 세밀한 관심과 관찰로 최소화할 수 있습니다. 일선 부대에서는 사소한 것으로 생각해 방치하는 경우가 많습니다. 사소한 게 쌓여서 결국 대형 사고로 이어지는 것입니다.

지휘관이 책임지고 訓育(훈육)해야

사람들은 어린아이가 잘못하면 '부모가 가정교육을 잘못시켰다'고 합니다. 군대도 마찬가지입니다. 병사가 잘못하면 올바르게 훈육하지 못한 지휘관에게 책임이 있습니다. 필요할 땐 軍에 오라하고, 사건·사고가 터지면 병사들 탓, 가정교육 탓, 사회 분위기를 탓하며 꼬리를 자르고 책임을 회피하는 무책임한 모습을 보입니다. 무책임한 부모가 무책임한 자녀를 만들 듯, 무책임한 간부가 무책임한 병사를 만듭니다.

사자가 이끄는 사슴의 무리와 사슴이 이끄는 사자의 무리가 싸우면, 사자가 이끄는 사슴의 무리가 이긴다는 격언이 있습니다. 그만큼 리더, 지휘관이 중요한 자리입니다.

軍당국도 일선 부대 지휘관이 병사들을 책임지고 관리할 수 있도록 제도를 개선하고, '정신적·육체적'으로 복무에 부적합한 이들은 事前(사전)에 가려내, 일선 부대의 지휘 부담을 줄여줘야 합니다.

이순신 같은 리더가 필요해

군 경험을 되새겨보고 발전적인 방향을 구상하다 보니 '어디서부터 어떻게 해야 하나'라는 생각에 잠겼습니다. 일개 병사 출신에겐 너무나 어려운 문제입니다. 군대도 사람 사는 곳이기에 사건·사고가 일어나는 것은 당연합니다. 사고 없는 군대보다는, 군대다운 군대가 되어야야 합니다.

이스라엘 군대를 보면서, 우리군은 '싸우지 않는 군대'에 익숙해졌다고 생각했습니다. 분단된 국가에서, 敵이 핵무장을 하고 호시탐탐 자신들을 노리고 있는데도 태평하기 때문입니다. 정치권과 여론의 눈치를 보고, 평화라는 시대적 분위기에도 영향을 받았습니다.

韓美동맹이 오늘날의 대한민국이 있도록 도움을 줬지만, 역설적으로 부작용도 있다고 생각합니다. 우리 국민의 현실 감각이 왜곡됐기 때문입니다. '전쟁은 일어나지 않는다. 전쟁이 일어나도 미국이 도와줄 것이다'는 생각이 우리 국민들 사고에 깊게 박혀있습니다. 우리 군도 여기서 자유롭지 못합니다.

오늘날의 군대는 보고서를 잘 만들어 윗사람한테 잘 보이고, 사건·사고 없는 부대의 지휘관이 유능한 지휘관이 됩니다. 간부들은 병사들에게 꽃이나 심으라 하고, 병사들은 빨리 제대하기만을 바랍니다. 군대는 언론 보도가 어떻게 나갈까 노심초사해 합니다. 사건·사고가 터지면 은폐부터 하고, 드러나면 그때서야 뒷수습하고 뒷북 대책 내놓기 바쁩니다. 관료화된 군대가 유사시 국가의 안전을 보장할 수 있을지 의심됩니다.

어떻게 하면 위와 같은 일이 벌어지는 것을 막을까 고민해 봤습니다. 戰時가 돼 피를 흘리면 저런 무의미한 것들이 사라지지 않을까 생각했습니다. 피를 흘린 뒤에야 정신을 차릴 필요는 없습니다. 기회가 있을 때 변화하려는 노력해야 합니다.

이순신 장군을 다룬 영화 〈명량〉이 화제입니다. 우리 국민들이 이순신과 같은 리더의 출현을 바라는 것이 아닌가 생각합니다. 萬事(만사)는 人事(인사)라고 했습니다. 이순신과 같은 리더가 오늘날 우리 軍이 가진 병폐를 해소해 군대다운 군대를 만드는 데 힘써야 합니다.

사건·사고 잦자 薦度齋(천도재) 지내고
風水 전문가 부르기도

2001년 22사단에서 한 병사가 자살을 했습니다. 부대의 모 대위는 역술인을 찾아가 '急死(급사)할 팔자라는 내용을 監命紙(감명지)에 적어달라'고 했답니다. 병사의 부모가 항의하자, 부대 측은 유품이라며 부모에게 이 사주 감명지를 건네고는 '금년에 잦은 사고로 급사한다고 나왔는데, 사주가 잘 맞지 않느냐'고 했다고 말합니다. 확인해보니 이 풀이는 해당 부대의 대위가 돈을 주고 만든 '가짜 점괘'였습니다.

작년에는 인접 사단에서 女대위가 상관인 모 소령의 성추행 때문에 자살을 했습니다. 언론 보도에 따르면, 현장 검증

154

이후 해당 부대의 부사단장(대령)이 유족 측이 선임한 변호사에게 "49재 지냈는데, 여자 분이 굿을 하는데 와 가지고 가해자인 소령을 풀어주라고 하더래요. '저(오 대위)는 잘 있으니까'"라는 말을 했다고 합니다. 모 부대에서는 자살 사건이 연달아 일어나자 군종 법사(승려)를 불러 수맥이 흐르는지 확인했다고 전해졌습니다.

작년 저희 사단 예하 모 연대에서는 인명 사고를 비롯한 사건·사고가 잦았습니다. 인명 사고는 부대 평가에 영향을 끼쳐, 지휘관에게 민감한 사항입니다. 사단에서는 기독교·불교·천주교·원불교의 군종 장교를 참석시켜 부대안전기도회를 개최했습니다. 宗派(종파)별로 한 데 모여 부대 안전을 위한 기도회를 연다고 말했지만, 진행은 佛敎(불교) 의식으로 채워졌습니다. 사단장의 종교가 불교였기 때문입니다. 사단 체육관에서는 위령제 준비를 며칠간 했습니다. 그리곤 불교 공연단을 불러 천도재를 크게 열었습니다. 의식이 끝난 후에는 6·25전쟁 때부터 이 사단 출신의 戰·死傷者(전·사상자) 이름이 적힌 종이를 한 데 모아 불태우기도 했습니다.

한 번은 불교 인사가 부대를 방문했습니다. 그는 사단장 집무실을 비롯한 건물의 구조를 보더니 풍수가 좋지 않다면서 구조를 바꾸라고 했습니다. 이 때문에 주말에는 병사들이 사령부로 올라가 책상 등 사무기기의 위치를 바꿨다고 합니다. 기억에 남는 것은 '화장실 터가 좋지 않다'고 말한 것이었습니다.

이 이야기를 듣고, 사단의 최고 지휘관이 迷信(미신)에 의존하는 모습에 의아했습니다. 사고가 왜 일어났는지에 대해 명확한 분석을 하고, 재발 방지를 위한 해결책을 마련해야 하는데, '터가 안 좋다', '운이 없다'는 식으로 접근한 것입니다. 위와 같이 책상 몇 개의 위치를 바꿔 문제를 해결하려는 모습은 오늘날 軍당국이 사건·사고가 터지면 해결책이라 내놓은 방식과 닮았습니다.

권위와 권위주의

사단 홈페이지에는 사단장을 비롯한 지휘부(사단장, 부사단장, 참모장)의 각종 사진이 올라갑니다. 외부 인사가 부대를 방문한 모습도 올라갑니다. 한 번은 외부 손님이 부대를 방문해 사단장과 사진을 촬영했습니다. 이 사진도 홈페이지에 올라갔는데, 얼마 뒤에 사진이 지워졌습니다. 사진을 담당하는 곳에서 사진을 다시 올렸지만 또 삭제된 것입니다. 알고 보니 외부 손님의 손이 사단장의 손보다 높게 위치해 그 사진을 올리지 말라는 지시가 내려왔다고 합니다. 이 이야기를 듣고 생각보다 더 권위적이라는 느낌을 받았습니다. 이 말을 전해준 병사는 신사적인 이미지의 사단장이 이럴 것이라고는 상상도 못 했다는 반응이었습니다.

權威(권위)와 權威主義(권위주의), 두 단어의 뜻은 다릅니다. 우리 군에서는 이 둘을 다 누리려고 합니다. 병사들이 얼어있는 모습을 보이는 것을, 간부들은 軍紀(군기)가 들어있다고 착각합니다. 권위를 넘어 권위주의로 접근하기 때문에 벌어지는 일입니다.

한 번은 사단장이 주말에 저희 부대를 찾아 아침을 같이 했습니다. 사단장이 주말에 부대를 방문하자, 집에서 쉬고 있던 간부도 출근했습니다. 저와 함께 간 병사들이 밥을 받고 자리에 앉았습니다. 병사들은 사단장이 어디 앉을지 눈치를 보는 상황이었습니다. 병사들은 사단장이 자신들의 테이블로 오지 않기를 바랐습니다. 그러던 중 사령부에서 행정병으로 근무하고 있는 저희 소대의 병사들과 앉게 됐습니다. 사단장을 따라온 전속 부관은 저희에게 눈치를 줬습니다. 저를 포함한 병사들의 표정이 다들 부자연스러웠습니다. 말실수하지는 않을까 조심스러웠습니다. 군기가 빠진 모습을 보여 사단장의 기분을 거스를까봐 지레 겁을 먹었기 때문입니다. 밥이 코로 들어가는지, 입으로 들어가는지 아무 맛도 못 느끼고 밥을 먹었습니다. 사단장 주변에서 식사한 대다수의 병사가 저와 같은 반응을 보였습니다. 사단장과 전속 부관만 숟가락과 젓가락을 모두 사용했습니다. 병사들은 젓가락을 잃어버린다는 이유로 숟가락으로만 식사하게 합니다.

장병들의 士氣(사기) 진작이라는 목적으로 고위급 장성들이 부대를 방문합니다. 정작 이들의 방문을 준비하는 동안 병사들은 사기가 다 꺾입니다. 이 때문에 병사들은 고위급 장성이 부대에 방문하는 것을 싫어합니다. 이것저것 준비해야 할 게 너무 많기 때문입니다. 청소가 제대로 안 돼 있으면, '내가 방문한다는데, 청소도 제대로 안 해놔?'라고 생각하기 때문입니다.

병사들 입장에서는 사소한 말실수라도 할까 걱정합니다. 악수하더라도 병사들은 '군기가 들어 있는 모습으로 착각하게 만드는, 얼어있는 모습'을 보여줘야 합니다. 얼어있지 않은, 다소 긴장이 풀린, 자연스러운 모습을 보이면, 간부들은 병사들이 자신의 권위를 인정하지 않는 것으로 오해합니다. 고위급은 부대를 방문해 사진 몇 장 같이 찍고, 식사를 함께하며 병사들과 몇 마디 나눈 뒤 돌아갑니다. 해당 부대의 지휘관

에게는 영광이겠지만, 이들을 맞이할 준비를 하고, 군기가 들
어있는 모습을 보여야 하는 병사들에게는 피곤할 뿐입니다.

계급이 깡패다

한 번은 군단장이 저희 사단을 방문했습니다. 이 군단장은
아침 회의 때 클래식을 트는 등 병사들 사이에서는 '깨어 있
는 군인'처럼 비쳐졌습니다. 이 군단장이 부대를 방문한다고
하자, 청소 때문에 사령부가 시끄러워졌습니다. 군단장이 방
문할 지휘통제실 바닥에는 조립식 타일이 깔려 있었는데, 병
사들은 이 타일을 일일이 다 분해해서 장갑도 끼지 않은 채
락스로 이 타일을 청소했다고 합니다. 저는 이 때 휴가를 다
녀와 현장에 없었는데, 청소를 한 병사에게 물어보니 "전형적
인 쌍팔년도 군대의 모습"이라고 비판했습니다.

이를 보고 학습한 초급 간부들도 병사들이 자신의 앞에서
얼어있지 않은 모습을 보이면, 군기가 빠졌다고 생각해 자신
을 무시한다고 생각합니다. 똑같이 보고 배운 병사들도, 자신
의 후임병이 자신에게 비굴한 모습을 보이지 않으면, '빠졌다'
고 합니다. 잘못한 게 없어도 선임 앞에서는 죽을 죄를 지은

듯이 표정을 지어야 일이 빨리 해결됩니다. 고양이 앞에 선 쥐마냥 굽실거려야 자신을 높여주는 것으로 착각합니다. 여기서 통합을 저해하는 '너는 계급이 나보다 낮으니, 나를 받들어야 한다'는 차별 의식이 발생합니다. 이는 非전투적인 요소 중 하나이기도 합니다. 동료애, 전우애가 아닌, 철저한 主從(주종)관계가 성립하는 것입니다. 장군과 병사가 한 데 밥을 먹고 자유롭게 의견을 나누고, 권위를 인정하는 문화가 정착돼야 하는데, 우리 군은 '계급이 깡패다'라는 생각에 젖어 있습니다.

7 선·후임과 同期들의 도움

재채기

22사단 GOP 총기난사 사건의 용의자 임 병장은 A급 관심병사였습니다. A급 관심병사였던 그가 GOP에 투입될 수 있었던 것은, 투입 전 B급으로 등급이 낮춰졌기 때문입니다. 임 병장 사건 이후, 軍당국은 'GOP에 투입된 관심병사들을 철수시키라'고 지시했습니다.

관심병사는 A, B, C등급으로 나눕니다. 軍에서 실시하는 '신인성검사', '자살시도 경험', '가정문제', '건강문제', '경제문제', '과거경력', '이성문제' 등을 바탕으로 등급을 매깁니다. A급은 복무에 가장 큰 어려움을 겪는 병사입니다. 자살 시도, 자살 우려자, 사고 유발 高위험자, 자해 등 극단적인 행동을 보이는 병사들입니다. B급에는 결손가정, 신체결함, 경제적 빈곤자, 구타유발자 등이 선정됩니다. C급에는 주로 自隊(자대) 전입 100일 미만의 신병과 허약 체질자들이 지정됩니다. 저는 건강문제로 'B급 관심병사'였습니다.

저희 부대는 선발된 병사로만 구성돼, A급 관심병사는 없었습니다. A급 관심병사에 대해 잘 아는 모 병사에게 A급 병사들은 어떤지 물었습니다. 그는 과잉 행동을 하거나, 자해를 하고, 동료 병사에게 총을 겨누거나, 갑자기 발작하는 경우가 있다고 말했습니다. 일어나지 않을 부정적 妄想(망상)을 하는 병사들도 많았습니다. 건전지를 먹고 자살을 시도하는 행동, 정신과 진료 후 약물을 다량 복용하는 사례도 있었고, 유서를 작성했다가 지휘관에게 적발된 경우도 있다고 합니다.

어떤 병사는 자신의 부모가 조폭이라고 말하기도 하고, 또 다른 병사는 시계를 먹고 죽으려고 했습니다. 계단에서 구르려 시도하는 경우도 있습니다. 정신 이상 증세를 보여 샴푸를 먹기도 하고, 목을 매 자살을 시도하고, 침낭 속에서 자위 행위를 하는 병사도 있다고 합니다. 지능 지수가 낮아 생활이 힘들었던 병사도 있었습니다. 한 A급 병사는 감기가 걸려 재채기를 계속 했습니다. 밥을 먹다가 재채기가 멈추지 않자, 그 자리에서 울어버렸습니다. 이 병사는 부대에서도 관심을 많이 받는 이였습니다.

부대 적응을 잘하지 못해 轉出(전출)도 여러 번 다녔던 A급 관심병사가 있었습니다. 부적응자의 부대 생활을 돕는 '비전캠프'에도 다녀온 병사였습니다. 한 번은 지휘관에게 'PX병'으로 임명해 달라고 했는데, PX병이 되지 않자 자살을 했습니다. 관심병사는 지휘관들에게는 일종의 '시한폭탄'입니다. 터지지 않을 수도 있지만, 터진다면 언제 터질지 모르기 때문입니다.

관심병사들의 특징

관심병사들의 특징은 결손 가정이거나, 불우한 유년 시절, 초·중·고교 시절 집단 따돌림을 경험했다는 것입니다. 입대하기 전의 경험이 軍복무에 부정적 영향을 끼치는 것입니다. 이들은 심리적으로 대단히 불안해 보였습니다.

軍당국은 사지가 멀쩡하고 생각이 바르더라도 결손 가정이나 경제적 빈곤자는 관심병사로 지정합니다. 이는 결손 가정 출신이 관심병사의 主流(주류)를 이루고 있기 때문입니다. 결손 가정의 병사라고 모두 문제 있는 병사는 아니지만, 문제가 있는 병사는 결손 가정 출신이 많으니, 이런 식의 방법을 사용한 것 같습니다.

관심병사들만 모아 놓은 부대도 있습니다. GOP에 병력을 투입하는 연대(2000여 명 규모)는 3개 대대를 갖고 있으며, 이 중 1개 대대가 6~8개월 가량 GOP에 투입되고, 나머지 두 개의 대대는 휴식 및 교육 훈련을 합니다. GOP에 투입되지 않는 대대에는, 부대 운영에 부담되는 관심병사만 모아 놓은 중대가 있었습니다. 이곳에 이른바 문제가 되는 병사들을 모아 놓고 집중 관리를 했습니다. 재채기가 멈추지 않자 울어버린 병사도 이 부대에 속해있었습니다.

관심병사와 관련된 업무를 봤던 한 병사는, 현재의 관심병사 제도가 너무 포괄적이라고 말했습니다. 이 때문에 세밀한 관찰이 되지 않는다고 합니다. 정신적으로 문제가 있으면 정신 異常(이상)의 범주에, 가정에 문제가 있으면 가정 문제의 범주에, 건강에 문제가 있으면 건강 문제의 범주에 포함해 세부적으로 관찰해야 한다고 말합니다.

현역복무 부적합심사

軍복무 기간을 다 채우지 않고도 제대하는 방법이 있습니다. 依家事(의가사) 제대, 依病(의병) 제대, 현역복무부적합심사(現不審, 현부심)를 통한 제대입니다. 의가사 제대는 가정사 때문에 예정보다 일찍 제대하는 것입니다. 의병 제대는 軍복무를 계속하기 어려운 병에 걸렸을 때, 軍병원의 심의를 받고 제대를 하는 것입니다. 현역복무부적합심사는 군복무에 상당한 제한이 있으면, 상급 부대의 심의를 받은 뒤 병역심사대 심사를 거쳐 공익근무요원으로 남은 기간을 복무하거나 제대를 하는 것입니다.

현역복무 부적합심의를 받는 병사들은 크게 두 가지로 나뉩니다. 건강상 제약이 있음에도 의병 제대를 할 수 있는 신체 등급에 이르지 못했을 때와 軍생활 부적응 등 부대 운영에 부담되는 병사를 내보낼 때입니다. 저는 前者의 경우로 '現不審(현부심)'을 하길 원했지만, 부대에서는 '현부심' 대신 수월한 보직을 받고 軍생활을 계속하는 것으로 일단락됐습니다.

저는 자대 배치 후 얼마 되지 않아 휴가를 사용해 민간 병원에 다녀왔습니다. 검진 결과가 좋지 않자 어머니는 부대까지 저를 데려다 주셨고, 부대장과의 면담에서 눈물을 보이셨습니다. 어머니와 저는 제대를 시켜달라고 했지만, 早期(조기) 제대를 위한 신체 등급에 미치지 않아 부대장은 제대를 시켜줄 수 없다고 했습니다.

현부심 관련 업무를 담당했던 병사는, "지휘관이 現不審을 잘 시켜주지 않는다"고 했습니다. 어떻게 해서든, 문제가 있는 병사라도 끌고 가려고 하기 때문입니다. 병사를 제대시켜주는 것이 지휘관 입장에서는 지휘력 부족으로 보일 수도 있다고 합니다. 또 現不審을 통해 병사들을 쉽게 제대시켜줄 경우, 유사 사례가 발생할 수 있어 조심스럽다고 말합니다.

現不審(현부심)을 진행하는 절차 또한 복잡합니다. 중대 또는 대대급 부대에서 서류를 작성하고, 연대를 거쳐 사단에서 심사합니다. 사단에서는 주로 참모장이 심사위원장이 돼 '현역복무부적합심사'를 진행합니다. 사령부의 중령급 참모, 의무대대장 등 약 6명 정도의 위원이 모여 현부심 대상 병사에 대해 투표를 합니다. '현부심'을 통과하면, 병역심사대에 입소하게 되고, 그곳에서 다시 심사를 거쳐 제대 또는 공익근무요원으로 남은 기간을 복무합니다. 사단에서 '현부심'을 통과한 경우 병역심사대에서도 특별한 경우가 아니면 통과한다고 합니다.

'現不審'을 위해 제출되는 서류도 수백 장에 이릅니다. 이 서류를 본 적이 있는데, 약 300장 정도 돼 보였습니다. 여기에는 부대 생활 기록, 진단서와 지휘관 의견서, 동료 의견서 등이 포함됩니다. 주로 A급 병사들이 '現不審'을 받습니다. '現不審'은 사단의 관심 사안이어서 兵 인사 업무를 맞는 참모가 주로 일을 처리합니다. 現不審으로 조기 제대를 하는 것은 매우 어렵습니다. 저희 사단도 올해 8월 기준으로 약 5명 정도가 '現不審'으로 제대를 했습니다.

관심병사가 21개월을 채워 나갔던 이야기

저는 논산 육군훈련소로 입대할 때 너무나 기쁜 마음으로 웃으며 軍門(군문)을 통과했습니다. 오래 전부터 꿈꿔왔던 장교로 입대하진 못했지만, 국가 안보의 일선에서 젊음을 바친다는 것이 설렜습니다. 매일 아침 일어나 애국가를 부르는 것도 매우 좋았습니다. 아침·저녁으로 복창하는 '복무 신조'를 외칠 땐 힘찬 목소리로 외쳐댔습니다. '복무 신조'의 내용은 〈우리는 국가와 국민에 충성을 다하는 대한민국 육군이다. 하나, 우리는 자유민주주의를 수호하며 조국통일의 역군이 된다. 둘, 우리는 실전과 같은 훈련으로 지상전의 승리자가 된다. 셋, 우리는 법규를 준수하고 상관의 명령에 복종한다. 넷, 우리는 명예와 신의를 지키며 전우애로 굳게 단결한다〉 입니다. 흔히 말하는 '짬밥'도 아주 맛있었습니다. 政訓(정훈) 교육 때는 어떠한 내용을 배우고, 自隊(자대)는 어디로 갈지 궁금해하며 軍생활을 시작해갔습니다.

훈련을 받던 중 전염병에 걸렸고, 제가 소속된 훈육 부대에서는 관심도 두지 않은 채 저를 방치했습니다. 훈육 중대에서는 제가 훈련을 받지 못해 교육 이수 부족이라는 이유로

留級(유급) 통보를 내리곤, 자기네 할 일은 다 끝났다는 식으로 나왔습니다. 軍병원에서도 誤診(오진)을 했는데, 자신들의 잘못이 아니라고 합니다. 그리곤 부모님에게는, "이경훈 훈련병이 부모님 전화번호를 몰라서, 군병원에서 부모님께 전화를 못 드렸다"고 했습니다.

어머니 손에 이끌려 軍병원에서 제대로 받지 못한 치료를 민간 병원에서 한 달여 동안 받았습니다. 주변 사람들은 제게 "네가 입만 열면 자랑하고 옹호했던 군대의 실체이다. 직접 당해보니 어떠냐?"고 말했습니다. 저는 몸이 다친 것보다, 제 마음이 더 많이 다쳤습니다. 훈육 중대와 軍병원이 잘못한 것만 인정하면 되는데, 끝까지 책임을 회피하고 거짓말을 했습니다.

민간 병원에서 치료를 마치고, 두 번째로 육군훈련소의 문을 통과할 땐 처음 입대할 때의 감정과는 달랐습니다. 이곳에서 남은 날들을 어떻게 버텨나갈지 까마득했습니다. 그곳에서 저의 유일한 희망은 함께 훈련을 받는 훈련소 동기들뿐이었습니다. 훈련소 동기들을 의지하며 하루하루를 버텨나갔습니다. 밥을 세 번 먹으면 하루가 지나간다는 것과 주말에 교회를 다섯 번 가면 훈련소를 수료한다는 생각을 했습니다. 서로 비슷한 환경에 놓인 훈련병들은 훈련 기간을 함께할 동반자들이었고 버팀목이었습니다.

한 번은 육군훈련소의 교육대장(소령)이 정신 교육을 했습니다. 그는 戰時(전시)에 敵과 싸울 수 있도록 만드는 힘은 戰友愛(전우애)라고 했습니다. 거창한 국가관, 애국심, 가족 때문도 아니라고 했습니다. 옆에서 同苦同樂(동고동락)한 전우를 보며 적과 싸운다고 했습니다. 저는 이 말이 더욱 와 닿았습니다. 그때 당시 의지할 곳은 간부도 아니었고, 오직 함께 훈련받는 동기들뿐이었습니다. 훈련소에서 이들과 5주간의 시한부 만남을 끝내고 前方(전방) 상비 사단으로 자대 배치를 받았습니다.

自隊(자대)에 오자마자 의병제대나 '현부심'을 통해 무期(조기) 제대를 하려고 했습니다. 훈련소에서 발생한 질환이 치료되지 않았고, 만성화됐기 때문입니다. '더 나빠지면 어떡하나'라는 걱정도 있었습니다.

자대에 오니, 선임들은 생각지도 못 한 新兵(신병)이 들어와 놀랐습니다. 저희 부대는 면접을 보고 선발된 병사들만 올 수 있었습니다. 저는 면접도 보지 않고 이곳에 오게 됐습니다.

자대 배치를 받자마자 휴가를 써서 민간 병원에서 검사를 받았습니다. 몸 상태가 더 안 좋아졌다는 말을 들었습니다.

휴가를 마치고 돌아온 제게, 부대는 의무대 입원을 권유했습니다. 입원 기간이 길어지자 의무대에서도 저를 꾀병으로 보곤 "자대로 돌아가라"고 했습니다. 자대로 돌아오니 가시방석이었습니다. 소대원들에게 미안했습니다. 피해를 주고 싶지 않아 조기 제대를 하고 싶었는데, 상황도 여의치 않았습니다. 제 관물대와 침대도 없어졌습니다. 한동안은 옷과 같은 생활용품을, 흔히 말하는 '더플백'에 넣어서 사용했고, 잠은 휴가 나간 병사의 자리에서 잤습니다.

분대장에게 제가 처한 건강 상태를 있는 그대로 이야기했습니다. 분대장도 제 고충을 알고, 이를 해결하기 위해 노력해줬습니다. 꾀병인 줄 알았던 다른 병사들도 저를 걱정해줬습니다. 선·후임과 동기들의 도움으로 부대 생활에 적응했습니다. 후임인 제가 해야 할 일도 선임이 대신했습니다. 맞선임이 저 때문에 고생을 많이 했습니다. 경계 근무를 나가야 하는데도, 몸이 성치 않아 나가지 못했습니다. 항상 미안한 마음이었습니다. 함께 생활한 병사들은 제게 싫은 기색을 내지 않고, 오히려 저를 걱정해줬습니다.

작지만 한 조직의 리더도 잠시나마 경험

시간이 흘러 제게 도움을 줬던 선임들이 제대했습니다, 저도 후임을 두게 됐습니다. 후임들에게 잘 해주는 것이 선임들에게 받은 은혜를 갚는다는 것이라고 생각하고 軍생활을 이어갔습니다. 계급이 높아지니 해야 할 일도 많아지고, 주도적으로 나서는 일도 생겼습니다. 만성 질환으로 인해 신체는 온전치 못했지만, 제가 할 수 있는 일은 열심히 했습니다. 軍생활에 재미가 붙었습니다.

조직 생활을 경험한다는 것은 앞으로 살아가는 데 큰 도움을 줍니다. 군대는 누구에게나 기회가 주어지는 곳입니다. 계급이 낮을 땐 선임병을 따르는 법을 배우고, 계급이 올라가면 후임병을 통솔해야 할 때가 옵니다. 제가 후임병일 때는 선임이 시키는 것을 어떻게 잘 해낼지 고민해봤습니다. 남에게 이것저것 시키는 게 싫었던 저도 계급이 오르니 후임병들에게 지시를 내려야 했습니다. 처음에는 어색했습니다. 지시하고 통솔하는 것에 익숙해지자 '후임병을 어떻게 대할 것인가'도 고민했습니다. 어떻게 하면 상대방을 존중하면서 효율적으로 일할 수 있을까도 생각했습니다.

제가 지시한 내용을 잘 따르고 집단의 목표를 달성하는 데 열심히 따르는 후임들이 대견했습니다. 여기서 재미도 느꼈습니다. 작지만 한 조직의 리더도 잠시나마 경험해본 것입니다. 계급이 주는 권위를 배우고, 이 계급에 맞게 행동하려고 노력했습니다. 어떠한 용어를 사용하고 어떻게 지시해야 효율적인지 생각했습니다. 자리가 사람을 만든 것입니다.

후임 시절에 싫어하는 선임에 대해 '저 사람 언제 제대하나'라는 생각을 했습니다. 막상 제가 선임이 되니, '나에 대해 부정적으로 생각하는 사람이 없을까' 고민해봤습니다. 후임일 때는 몰랐는데, 선임이 되니 선임의 고충을 알게 됐습니다. 후임 시절, '왜 저 선임은 저렇게 할까'라고 의심도 했지만, 언젠가는 이해를 하게 됐습니다. 군대는 21개월이라는 짧은 시간 동안 가장 낮은 곳에서, 가장 높은 곳까지를 경험할 수 있는 곳입니다.

맨 처음 자대에 가니 입대 順(순)으로 서열판이 있었고, 제가 맨 아랫부분에 있었습니다. 제 앞에 있는 선임들이 모두 다 집에 가야 저도 갈 수 있었습니다. 매우 길 것만 같았지만, 뒤돌아보니 금방이었습니다. 그중에는 힘든 일도 있고, 즐거운 일도 있었습니다. '엊그제 같았는데…'라는 표현이 있습니다. 제대하는 선임들이 한결같이 했던 말입니다. "입대한 게 엊그제 같은데, 벌써 제대를 한다." 저도 입대한 게 엊그제 같은데, 벌써 21개월도 더 됐습니다. 지나고 보니 금방이었습니다.

　오기 싫은 군대에 억지로 끌려와 다들 불만이지만, 군대를 알고 배우는 것이 훗날 큰 도움을 줄 것입니다. 젊은이들 사이에선 눈앞에 놓인 2년의 시간이 아까워 군대에 대해 좋은 기억보단 나쁜 기억이 더 많이 자리잡고 있습니다. 언젠가는 '군대는 한 번쯤 다녀와야 한다'는 것을 느끼고, 그곳에서 자신이 성장했다는 것을 알게 될 것입니다. 하고 싶은 것을 하지 말아야 하고, 하기 싫은 것을 해야만 하는 곳에서 '자유'의 소중함도 알게 되고 정신적으로 성숙해지는 것입니다.

　관심병사가 된다고 걱정할 필요 없습니다. 본인이 열심히 해 선입견을 깨면 됩니다. 군대는 집단생활을 하는 곳입니다. 어려운 병사가 있다면 이를 도와 함께 가는 곳입니다. 본인의 의지도 중요합니다. 노력하는 모습을 보이면, 선·후임과 간부가 함께 도와줄 것입니다.

　'회복탄력성(resilience)'이라는 말이 있습니다. 심리학에서 쓰이는데, '심각한 삶의 도전에 직면하고서도 다시 일어설 뿐만 아니라 심지어 더욱 풍부해지는 인간의 능력'이라고 합니다. 관심병사와 같이 부대에서 적응을 잘하지 못하는 병사들은 불우한 환경에서 성장한 경우가 많습니다. 이들은 보이지 않는 상처가 많습니다. 이들은 '회복탄력성'이 부족합니다. 이 때문에 자신이 처한 환경을 헤쳐나갈 수 없다고 느끼고 현실 도피의 수단으로 극단적인 선택을 하곤 합니다.

이들이 포기하지 않도록 주변의 선·후임과 동기, 간부가 이들에게 먼저 손을 내밀어 보듬어준다면 이들과 함께 해나 갈 수 있습니다. 이것이 바로 戰友愛(전우애)입니다. 이들에게 애정을 쏟아 부어 軍생활을 같이 하고, 무사히 성장시켜 배 출하면 말 그대로 軍隊가 軍大의 역할을 하는 것입니다. 이것 이 곧 國力이고, 軍의 신뢰성을 높이는 길입니다.

이 또한 지나가리라

다윗 왕이 細工(세공) 전문가를 불러 반지를 만들어 달라 고 했습니다. 그 반지에는 전쟁에 이겼다고 해서 교만하지 않 고, 졌다고 해서 좌절하지도 않을 문구를 새겨 달라고 했습 니다. 세공 전문가는 이 문구를 수소문했지만, 원하는 답을 얻지 못 했습니다. 그러던 중 마지막으로 솔로몬이 가르쳐줬 다는 문구가 바로 '이 또한 지나가리라'입니다.

육군훈련소에서 자살 예방 교육을 받을 때 당시 교육을 주관한 軍宗(군종) 목사 모 중령이 한 말입니다. "이 또한 지나가리라". 그는 이 문구를 생각하며 軍생활을 하라고 했습니다. 극단적인 선택은 주변인들에게 잠깐의 슬픔을 줄 순 있어도, 곧 잊히는 허무한 죽음이라고 말했습니다. 제 군생활 좌우명도 '이 또한 지나가리라'였습니다.

건강이 걱정되고 몸도 좋지 않아 조기 제대를 하고 싶었지만 나갈 방법이 없어, 울며 겨자 먹기 식으로 복무를 계속했습니다. 지나고 보니 힘든 것을 참고 이겨내 滿期(만기) 제대를 하길 잘했다고 생각합니다. 처음부터 질병에 걸리지 않고, 무사히 軍생활을 시작하고 끝냈으면 좋았겠지만, 불행 중 다행으로 좋은 사람들을 만나 예비역 병장이 됐습니다. 모두 다 저를 도와준 선·후임과 동기, 그리고 좋은 간부들 덕분입니다.

누군가 군대를 '삭막한 곳'으로 표현하면, 다른 이들은 '군대도 사람 사는 곳'이라고 말합니다. 엄격하고, 힘들 것만 같지만, 그 속에는 人情(인정)이 있다는 의미입니다. 저는 이 人情 덕분에 軍생활을 잘할 수 있었습니다. 한편으론, 사람 사는 곳이기 때문에 사건·사고가 일어나고 피해자와 가해자도 생기기도 합니다.

갓 스무 살을 넘긴 앳된 병사들이 신병으로 자대에 온 모습을 보면 측은한 감정도 듭니다. 이 아이들이 21개월 뒤에는 늠름해져서 사회로 나오는 것입니다. 사회에서도 군필자를 선호하는 이유는, 군에서 흔히 말해 볼 것, 안 볼 것 다 참아낸 이들의 인내를 認定(인정)하는 것입니다. 성인이 된 남성이 이 과정을 통해 성숙해지고, '인간'에 대한 이해를 하는 것입니다.

감수성이 예민한 시기에 온몸으로 경험하는 2년이라는 시간은 가치가 있습니다. 병사들끼리 시한부 만남의 가치를 알고 서로에게 잘 대하기를 바랍니다. 전우애를 바탕으로 가족과 같은 생활을 한다면, 어떻게 구타와 가혹행위가 있겠습니까. 유사시 나의 억울함을 풀어줄 이들이 내 옆에 있는 선·후임, 戰友라는 것을 알아야 합니다.

제대 후, 저 때문에 고생을 많이 한 맞선임을 만났습니다. 좋은 맞선임을 만나 軍생활을 잘할 수 있었습니다. 맞선임은 저보다 다섯 살 어립니다. 웃으며 함께 했던 선·후임이 생각납니다. 요즘은 이들을 만나는 재미로 일상을 보내고 있습니다. 흔히들 군대에서 만났던 사람은 사회에서 잘 안 본다고 합니다. 저는 군복무 시절 함께 했던 사람을 만나는 게 즐겁습니다. 이들의 도움이 아니었으면 지금의 제가 없기 때문입니다.

군대는 제게 병도 주고 약도 준 것 같습니다. 몸은 예전 같지 않지만, 좋은 사람들을 만날 수 있도록 맺어줬고, 제가 그토록 사랑했던 군대의 민낯을 알 수 있게 해줬기 때문입니다. 제 군 생활을 요약하자면 '전우애로 버틴 21개월'이었습니다.

조금씩 바뀌길 바라며

글에는 제 출신 부대를 밝히지 않았지만, 사단장 以下(이하) 주요 간부들이 제 글을 보았다고 합니다. 몇몇 知人(지인)을 통해 연락을 받기도 했습니다. 그들은 제게 "실망했다", "네가 어떻게 이럴 수 있느냐"는 반응을 보였습니다.

軍복무 경험을 글로 정리하기 전에 걱정했던 것이 '후임 병사들이 저 때문에 피해를 보진 않을까'였습니다. 실제로 일부 간부들은 자신의 부하들이 제게 정보를 제공한 것으로 오해해, 엉뚱한 병사가 의심을 받았다고 합니다.

또 다른 걱정은 '자신의 임무를 묵묵히 해내고 있는 많은 군인에게 상처를 주지는 않을까'였습니다. 軍에 좋지 않은 사건·사고가 많을 때라 '軍 때리기'로 보일 수 있기 때문입니다.

제 글을 읽은 몇몇 병사들은 "말하고 싶었지만, 말할 순 없었던 내용"이라고 했습니다. 그러면서 "이런다고 달라지겠습니까. 달라질 것이라면 진작에 달라졌지"라고 했습니다. 군의 특성상 급격한 변화는 어려울 것입니다. 30년 전의 군대와 오늘날의 군대가 다르듯, 시간을 갖고 복무 여건을 향상시킨다면 제 아들이 군대 갈 때쯤이면 더 좋은 군대가 돼 있지 않을까 생각해봅니다.

B급 관심병사의 무사고 除隊記

지은이 | 李庚勳
펴낸이 | 趙甲濟
펴낸곳 | 조갑제닷컴
초판 1쇄 발행 | 2014년 10월6일

주소 | 서울 종로구 내수동 75 용비어천가 1423호
전화 | 02-722-9411~3
팩스 | 02-722-9414
이메일 | webmaster@chogabje.com
홈페이지 | chogabje.com

등록 번호 | 2005년 12월 2일(제300-2005-202호)
ISBN 979-11-85701-04-2-13390

값 10,000원

*파손된 책은 교환해 드립니다.